Bruno Taut
DIE STADTKRONE

[德]布鲁诺·陶特 著

城市之冠

杨涛 译注

華中科技大學出版社
http://www.hustp.com
中国·武汉

图书在版编目（CIP）数据

城市之冠 / (德) 布鲁诺・陶特著；杨涛译注. —武汉：华中科技大学出版社，2019.3
（时间塔）
ISBN 978-7-5680-4264-2

Ⅰ. ① 城… Ⅱ. ① 布… ② 杨… Ⅲ. ① 城市规划 – 研究 Ⅳ. ① TU984

中国版本图书馆CIP数据核字（2019）第008352号

城市之冠
CHENGSHI ZHI GUAN

［德］布鲁诺・陶特 著
杨涛 译注

出版发行：华中科技大学出版社（中国・武汉）
武汉市东湖新技术开发区华工科技园
电话：(027) 81321913
邮编：430223

策划编辑：贺 晴
责任编辑：贺 晴
美术编辑：赵 娜
责任监印：朱 玢

印 刷：湖北新华印务有限公司
开 本：880 mm × 1230 mm 1/32
印 张：5.25
字 数：121千字
版 次：2019年3月 第1版 第1次印刷
定 价：48.00元

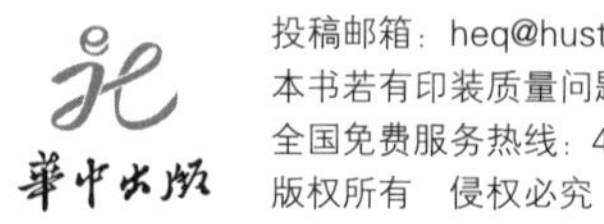

投稿邮箱：heq@hustp.com
本书若有印装质量问题，请向出版社营销中心调换
全国免费服务热线：400-6679-118 竭诚为您服务

译　序

陶特与《城市之冠》：世界主义者的回溯性宣言

与《包豪斯宣言》(*Bauhaus Manifesto*)同样出版于1919年的《城市之冠》（*Die Stadtkrone*）无疑是布鲁诺·尤利乌斯·弗洛里安·陶特（Bruno Julius Florian Taut，1880—1938年）被忽略的重要著作之一，其“晦涩难懂”的德语原著在2015年前从未被完整翻译为英语。这也导致了即使一些著作中对其有所提及，大多数人也都是“只闻其名”，没有亲身的阅读体验。其实，这本“被忽略”的著作的成稿早于《包豪斯宣言》，并影响了与陶特同为“艺术公社”（Arbeitsrat für Kunst）创始人的格罗皮乌斯（Walter Gropius），为其起草后者提供了参考，以至于在《城市之冠》英文版前言中，译者马修·明德拉普（Matthew Mindrup）与乌尔丽克·阿尔滕穆勒-路易斯（Ulrike Altenmüller-Lewis）曾感叹道：“令人惊讶的是，在1919年出版后，这么一本在现代建筑、城市规划和建筑教育中如此重要的著作从未被翻译为英文。”[1]

它的“被忽略”与作者陶特的身份有关。在主要以英语重新书写的“主流现代建筑史”中，陶特长期以来都是一位边缘人物：与同时期离开德国随后移民美国的格罗皮乌斯和密斯（Mies van der Rohe）相比，流亡日本并在1938年早逝于土耳其的陶特更多的是被简单地定义为一名表现主义者（expressionist）。但是，回顾陶特相对短暂的职业生涯，其实很难用某一种“主义”来概括——不管是在早期以著名的“玻璃馆”(Glashaus，1914年)为标志的“表现主义时期”，第一次世界大战爆发后被迫专注于理论写作

1 Matthew Mindrup and Ulrike Altenmüller-Lewis (eds), *The City Crown* by Bruno Taut, (Farnham: Ashgate, 2015), p. xi.

的“纸上建筑时期”，还是战争结束后在柏林主导创作一大批现代主义住区，抑或是 1933 年逃离德国后对“东方”建筑的深入研究、对现代建筑的反思［美国康奈尔大学学者伊斯拉·阿克詹（Esra Akcan）将其总结为“走向一种世界性的建筑准则”（toward a cosmopolitan ethics in architecture）[1]］——陶特在设计、写作中都未重复或建立一种明确的“个人风格”。

《城市之冠》一书可被看作陶特的一个转折点：在此之后，他作品中对社会及精神层面的关注开始变得与材料、美学同样重要。其影响可从肯尼斯·弗兰姆普敦（Kenneth Frampton）的论述中略窥一二：“阿尔瓦·阿尔托（Alvar Aalto）和汉斯·夏隆（Hans Scharoun）的共同之处是他们似乎都不谋而合地从保尔·谢尔巴特（Paul Scheerbart）1914 年的散文诗《玻璃建筑》（*Glasarchitektur*）或者在更大程度上从布鲁诺·陶特的神秘思想中获得某种启迪。我这里指的是陶特在 1919 年发表的‘城市之冠’一文。在这篇经典文献中，陶特指出‘城市之冠’不仅有益于健康的社会精神生活，而且对于城市生活的社会文化建设也至关重要”[2]。而其“被忽略”的重要性正如雷纳·班纳姆（Reyner Banham）在《第一机械时代的理论与设计》（*Theory and Design in the First Machine Age*）中的评价，“在这十年间（20 世纪 20 年代），他（陶特）创作了许多具有文献价值的小文章，而就在这个年代之初，他便创作了就历史角度而言他最重要的著作，因为这是表现主义时期为数不多的可以与门德尔松（Erich Mendelsohn）的演讲相颉颃的

---

1 Esra Akcan, “Bruno Taut’s Translations Out of Germany: Toward a Cosmopolitan Ethics in Architecture,” in *Modern Architecture and the Mediterranean: Vernacular Dialogues and Contested Identities*, eds. Jean-François Lejeune and Michelangelo Sabatino (New York: Routledge, 2009), p. 193.

2 肯尼思·弗兰姆普敦：《建构文化研究——论 19 世纪和 20 世纪建筑中的建造诗学》，王骏阳译，北京：中国建筑工业出版社，2007，第 254~255 页。

重要文献之一——《城市之冠》”[1]。

除了陶特的原因，作为历史文本，《城市之冠》本身的复杂性也在一定程度上造成了其“晦涩难懂”以致“被忽略”。这种复杂性体现在作者和内容两个方面——相比由单一作者写成、针对某一主题展开的一般意义上的“建筑学著作”,《城市之冠》严格来说只能算是一本文集(anthology)——书的几部分出自四位作者之手，而且不同部分的主题几乎迥异：由奇幻文学作家、画家谢尔巴特所作的两篇散文诗《新的生命》《死寂的宫殿》分别作为开篇和结尾，一前一后，为全书定下了一种神秘的基调；紧接着，陶特引用了40幅来自世界各地的“历史上的城市之冠”的图片，以此为全书的主要内容做铺垫，也试图从侧面论证自己的城市方案的正当性；随后的主旨文章“城市之冠”则以一种赞美过去、批判现实、憧憬未来的论调，通过文字和设计图纸的形式论述了一个以新的城市之冠为中心的“田园城市”方案；在罗列出“城市之冠的经济成本”之后，陶特以一篇“为城市加冠的近期尝试”作为结语，试图通过“当代”的相关建筑实践再次证实“城市之冠方案”的可信性，而这也是全书最接近我们常规理解的“建筑学论文”的一段内容；在紧接着的“构筑”一章中，法学家、新闻工作者、政治人物埃里希·巴龙（Erich Baron）号召在战争（第一次世界大战）后，通过艺术与建筑实现社会及精神层面的教化；最后，在结尾的散文诗之前，建筑师、建筑批评家、艺术史学家阿道夫·贝恩（Adolf Behne）则贡献了一篇充满批判和观点的文章，他举例论述了自哥特时代以来艺术的“堕落”，以此来预言一种将各种艺术整合于建筑之中的“建造艺术的重生”，即所谓的“整体艺术”（Gesamtkunstwerk）。看似主题迥异的各部分，在陶特的编排下形成了一种“中心化”的内容结构，而其中心目的则在于：借助

1 Reyner Banham, Theory and Design in the First Machine Age (Cambrige, Massachusetts: The MIT Press, 1981), p. 265.

不同背景的作者、不尽相同的出发点的论述，从多个侧面支撑“城市之冠”这一怀有建筑、社会、精神等多重理想的城市方案。

作者与内容的双重复杂性使得读者初读《城市之冠》原著，会感到其中充斥着建筑、历史、政治、哲学、宗教、绘画、文学、戏剧等多方面的概念、事例、典故。同时，作为出版于百年前的“历史文本”（historical text），其在时代背景、语言习惯上已与当代社会有较大差异。这些因素无疑都为本书的阅读、理解及翻译工作提出了额外的挑战——“历史文本”本身的特性使得其翻译需要在历史的准确性、语言的可读性、作者本意的传达三者之间寻求一个平衡。在本书的翻译过程中，即使可以同时参考德语原著与英文译本来帮助理解原文大意，但是，如果按照英文将“Baukunst”（建造艺术）翻译为“建筑”（architecture），将“Kunstwollen”（艺术意志）翻译为“艺术的形成意志”（formative will of art），将“Volkshaus”（人民之家）翻译成“社区中心”（community center），无疑都是有失严谨的——而类似的例子不仅限于以上三处。因此，本中文版的翻译力求尽可能地准确还原德语原著的内容与行文风格，此外，中文版还在原著基础上添加了15000余字、近200条注释，并在“建造艺术的重生”一章中额外补充了7张艺术作品的图片——做这一切的目的都在于让“晦涩难懂”的历史文本变得“可读”。

如果要厘清上文中提到的概念及其他与《城市之冠》一书相关的历史、理论，可能需要一篇更加严谨、完整且篇幅更长的学术论文。但是作为译者，我觉得至少有四个方面的时代背景值得一提：第一次世界大战的影响，源自英国的田园城市运动（Garden City Movement）的影响，谢尔巴特的著作《玻璃建筑》的影响，19世纪的哥特复兴运动（Gothic Revival Movement）的影响——这些因素在书的各部分中有着直接或间接的体现，对于读者来说，大致了解这些背景有助于更好地理解全书的具体内容。除此之外，还有一个特别值得一提的方面：《城市之冠》还清晰可见地体现了作者对东方（中国）文化的憧憬——在书中，除了欧洲与美国的例子，陶特和贝恩不止一次以图片或文字的形式提到了来自“东方”的清真寺、寺庙、佛塔，这其中当然也包括数个来自中国的案例，而陶特甚至将霍华德（Ebenezer Howard）的田园城市方案图与曲阜城、曲阜孔庙的平面图并置在一起对比；埃里希•巴龙更是直接引用了老子《道德经》中的句子；而参考文献的作者中也不乏著名的东方主义画家大卫•罗伯茨（David Roberts）、研究东方建筑的学者詹姆斯•弗格森（James Fergusson）、恩斯特•鲍希曼（Ernst Boerschmann）等这样的人物。

这种对东方（中国）的憧憬并非传统意义上猎奇的“东方主义”（Orientalism）。通读全书后可以发现，《城市之冠》中蕴涵着一种“欧洲应向东方学习”的论调。即使引用的目的同样是为了借助东方传统，印证“城市之冠”方案的普适性，但在一定程度上，也可将其理解为一种超越了欧洲中心论（Eurocentrism）的世界主义（Cosmopolitanism）——而在百年后的今天，我们是否可以通过中文版重新解读这种跨文化的论述，从中得到反思，进而以一种“超我”（superego）的视角发现历史中的当代价值，乃至对我们作为“他者”（the Other）的传统进行价值重估（如同之后陶特“重新发现桂离宫”对日本现代建筑的启迪[1]）——这是我的研究兴趣所在，而且我认为，这也是在整整100年后重新译读《城市之冠》这一历史文本的意义所在。

如果说同年出版的陶特的另一部著作《高山建筑》（*Alpine Architektur*）是一份反战的乌托邦建筑方案，那么我更愿意将《城市之冠》

---

1 杨涛，魏春雨，李鑫：《作为现代主义宣言的东方传统：3位西方建筑师（上）》，《建筑学报》2017年第9期（总588期），《作为现代主义宣言的东方传统：3位西方建筑师（下）》，《建筑学报》2017年第10期（总589期）。

形容为一部“世界主义者的回溯性宣言”（a cosmopolitans' retrospective manifesto）——它既复古，又革新，作为一份面向未来的建筑与城市宣言，其中的建筑语言却是“古典主义”的——这种“古典”并非源自古希腊或古罗马，而是试图从中世纪的欧洲与东方的传统中寻求创造一种“新建筑”(Neues Bauen)的灵感。如果将之与同时代的其他几部宣言式著作进行对比：如霍华德的《明日的田园城市》（*Garden Cities of To-morrow*，1902 年），柯布西耶的《走向新建筑》（*Vers une architecture*，1923 年）、《明日之城市》（*Urbanisme*，1925 年），还可以发现许多有趣的异同与关联——当然，这又是另外一个有待展开的话题了。

本中文译本的完稿距离华中科技大学出版社的编辑与我取得联系已一年半有余，而当初翻译此书的机缘也完全是因为出版社的信任与我个人对陶特的学术兴趣。在此，我要感谢华中科技大学出版社给予了较足够的时间，支持我完成了本书的翻译工作，也特别感谢编辑们细致的审阅与校对，他们在排版上提出了许多有价值的建议，并不辞辛苦地进行了多次修改，这些努力都使得本书在结构上比原著更加符合中文读者的阅读习惯。其次，我还要感谢我的妻子李鑫在德文的理解、中文的遣词造句上给予我的协助，她在德国交流学习的经历使我能够更好地完成翻译工作。

此外，与本书相关的翻译与研究工作还得到了以下科研项目的支持：国家自然科学基金青年基金项目（51708192）、湖南省科技计划项目（2016SK2013），在此一并致谢。

杨涛

二〇一八年二月

目　录

献 给 和 平

图 1 《圣芭芭拉》，扬・范・艾克[1]

1 《圣芭芭拉》（*Saint Barbara*，1437 年）是早期尼德兰画派著名画家扬・范・艾克（Jan van Eyck，约 1390—1441 年）的作品，现藏于比利时皇家安特卫普美术馆（Koninklijk Museum voor Schone Kunsten Antwerpen）。圣芭芭拉是基督教的十四救难圣人之一，也是建筑师、数学家、军事工程师、军械师的主保圣人（patron saint），其形象经常被刻画为与高塔相伴。

新的生命：建筑启示录

作者：保尔·谢尔巴特[1]

1 保尔·谢尔巴特（Paul Scheerbart，1963—1915 年），德国奇幻文学作家、画家、诗人，其著作《玻璃建筑》(*Glasarchitektur*)等作品和思想曾影响陶特及表现主义建筑(Expressionist Architecture）的发展。

古老的地球围绕着古老的、不再像以前一样发光发热的太阳慢慢转动。

古老的太阳散发着深紫色的光，以致永远不会再有白昼——白昼永远不会再降临在地球上。

寂静的夜无处不在。

一切都非常非常安静。

天空黑得像最黑的丝绒一样。

群星却如往常一样璀璨——也许更加璀璨，因为它们已变得更大。

它们是金色的星星！

整个地球完全是白色的——完全被白雪覆盖——散发着冷光的雪！

漫天星斗的冬夜降临在高地上、山谷中！

死寂的地球转动得更加缓慢。

然而丝绒般黑色的天空开始出现生机。

伟大的大天使[1]来了。

---

1 大天使（archangel），又称天使长（基督新教译名）、总领天使、总领天神（天主教译名），在宗教传统中指高等级的天使。类似概念在基督教、伊斯兰教、犹太教和琐罗亚斯德教中都有出现。

他们挥动着巨大的白色翅膀匆匆赶来。从天空中划过。

周遭变得十分喧闹，空气躁动起来，仿佛数百万人重新焕发了生机。

但来的其实只有大天使。他们共有十二个。他们大得惊人。六个翱翔在地球的一侧，六个在另一侧，互相几乎都看不到对面。

天使们拍打着翅膀，缓缓地低下头。他们的双脚高悬在地球的两极。十二名天使飘动的金色卷发，很快形成了一道围绕地球中央的华丽光环。

每个大天使先将夹在手臂下的大教堂拿到双手中，并将其安放在高高的雪山上。之后，十二个天使都摘下了厚皮手套，将纤细的手指伸入他们像海一样大的背包中。

天使们从背包里取出数百座闪闪发光的崭新宫殿。他们用这些宫殿来装扮被称为地球的巨大雪球，使其变得五光十色、熠熠生辉；大天使的眼睛闪耀着光辉，仿佛在将玩具赠予乖巧的孩子。

清空了他们的背包后，天使们再次振翅而飞，保持着适度的距离愉快地交谈，盘旋在一条优美的弧线上。

地球看起来五光十色，仿佛被撒上了最珍奇蝴蝶的翅膀、冻结的极乐鸟和闪闪发光的钻石。

接着宫殿变得明亮起来。百万盏灯点亮了内部的每一个角落；透过高耸的大教堂和众多城堡的彩色玻璃窗，色彩斑斓的柔和光线倾泻到紫色的雪夜里。

紫色的太阳变得更加暗淡。遥远的金色群星也失去了许多光芒。黑丝绒般的天空围绕着散发着微光的地球，景象十分壮丽。

所有大教堂的钟都开始鸣响。

渴望的战栗流淌在广阔的雪原上；新的生命渗透到潜藏于冰冷地球的阴郁中——永恒的生命！

亡者死而复生。

遍地的积雪都升了起来。所有曾在地球上生活并死去的人，爬出了他们的坟墓，抖落了身上的雪，惊讶地看着彼此。当意识到自己已经复活时，他们都相互拥抱，激动万分。

是的！是的！有谁不愿意获得新生！

地球加快了转动。

然而，这一伟大的庄严时刻好似一场滑稽的化装舞会，因为所有人都穿着类似于他们生前最常穿的衣服。乞丐在国王旁边，神父在战士旁边，工匠在学者旁边——身着各个时代的各种服装。从毛皮大衣到熨烫过的衬衫，应有尽有。

复生者爬上通往城堡和大教堂的金色台阶。蜂拥而至！

地球上所有的语言都混杂在一起，声音响彻天际，以至于再也听不到钟声。

上方，成千上万的天使站在城堡和大教堂的门前，体形与人类相仿，身穿精美的浅绿、淡蓝、浅红色的长袍，等待着。

庄重地问候！握手并轻抚脸颊！点头并挥舞双臂！大笑！微笑着抚慰！

由纯净巨型钻石组成的巨大城堡，肆意地在暮光中散发着多彩的火光。宽广柱廊中的其他宝石则与纯净巨型钻石竞相争辉。屹立在大教堂顶端的宝石也如此美妙。每个城堡的翡翠穹顶从内部被照亮，缓缓移动的绿色光束投射进黑丝绒般的天空。蓝宝石的塔楼比其他塔楼更加高耸。从色彩斑斓的彩色玻璃窗流淌出的安静的光闪耀着，圣洁而祥和。巨大的蛋白石拱券围绕着群山般的宫殿。每当举目四望，总会目眩神迷。这些建筑的魔力如此巨大，让人自问：复生者如何不为之疯狂？然而——尽管可怕，但事实如此：大多数人想着的只是一顿丰盛的晚餐，一顿如他们所期待的有仆人服侍、在大教堂和宫殿里享用的晚餐。当发现无数辉煌的城堡中并没有晚餐时，复生者们是多么诧异！男人和女人惊讶地四下张望，却一无所获。在外面，他们已注意到了完全没有树木、水果和蔬菜——现在里面也全是光秃秃的石头！大理石和红宝石、金和银、多彩的灯和多彩的墙、迷人的精致穹顶、天鹅绒和丝绸、雄伟的花岗岩石柱、闪闪发光的玻璃洞窟和类似之物，是的，一切不计其数——但就是没有烤羊肉、蜗牛沙拉和葡萄美酒的踪迹！

“天使，晚餐在哪里？”

很快，人们异口同声地呼喊道。

天使们默默地打开了宫殿和大教堂内的一扇扇小侧门，在此之前这些侧门都隐藏在人们的视线之外。所有人自然而然地以为——现在是时候开始吃喝抽了。嘿！他们多么开心啊！

然而，这次的失望比之前还要大。

“过去”的生活嘲弄了人们。

“一切”都只是重演。

但与曾经阳光灿烂时相比，人们的苦难似乎没有那么深重。背景环境不同了！一切都有宫殿之感！大厅和房间，这些人们本应在其中重操旧业的地方，到处都是“善良”的人们欣喜万分地重拾旧习的壮观场面，即使是如同肮脏的洗衣房一般难闻的地方也不例外。

是的！是的！过去的生活！

有人必须再次照料他那呻吟、哀叹不止的病妻；在冰冷的沉默中，他重新开始了痛苦的舞蹈，一如往常——真是一个善良的人！另一个善良的人则重新开始参与各种社交活动，同时又再次开始抱怨自己多么渴望永远独处——一切如故。第三个人对自己的名气感到不满意；他想要成名，但无法如愿，因为他自己都不知道他想怎么做。第四个人则与自己过去的鲁莽、强烈的欲望做斗争，成了真正的苦行僧。让我们再次赞美他钢铁般的意志，即使每个寂静时分他都应好好嘲笑自己，因为他所有的意志力都只是他放荡无度的自然结果。第五个人总是指望找到一个装满黄金的口袋——他找到了什么？一口袋令人厌恶的笑柄！第六个人徒劳地追逐“金钱”——因为他从不追求成功！第七个人一定要对所有人说“是”和“阿门”，在过去这对他来说是一件难事。还有数百万人在工作和管理，命令和服从——也完全一如往昔。机器再次轰鸣，思想家们又抽起了烟，土豆田里再次结出了干巴巴的果实，醉汉们又像往日一样喝得酩酊大醉，罪犯们再次闯入有产者的家中。

一切都和以前一样！——只是这一切发生在美丽的宫殿和大教堂之中，场景大到没人可以看清全貌。除此之外毫无区别。

善良的人自然对一切都很满意，而邪恶的人则对什么都不满意——对于他们来说，建造艺术所带来的生机勃勃的阳光还不够，他们想要有牡蛎和烈酒的晚餐，伴随着歌舞升平的不间断的欢愉。

善良的天使想要安抚邪恶的人们，亲切地说道：“孩子们，你们根本不知道什么对你们有用！每个人生命中的苦与乐都是相等的。两者缺一不可。理智一点！不可能一切都尽如人意。我们为你们创造了一个舒适的环境，这难道还不够吗？你们只想要永远的快乐——这是不可能的！”

“为什么不可能？”邪恶的人们叫喊道。

“因为那样会使你们厌倦！”天使们回答道。人们则边打着哈欠，边幻想着“永恒”的快乐。而邪恶的人还在笑——如此丑恶，让善良的天使也变得非常生气。

“你们真应该，”天使们用更尖锐的语气继续说道，“被好好教训一番——用滚烫的火钳。你们的愚蠢必须被烈火和利剑斩断。你们永远不会明白‘体面地居住’好过‘体面地活着’。就像地球上的植物大多只需要阳光和空气就能存活，现在你们也应当仰赖身边的一切而生活——光和空气，还有神圣的建造艺术，这一‘真正’的艺术。能够住在这些如天堂般熠熠生辉的城堡中，对于你们来说真的还不够吗？你们难道还不知道：生活在梦中的世界意味着什么吗？这才是贫苦之中诱人的牡蛎！一切财富的象征能被比作什么？一个巨大的不和谐之音，除此之外别无他物。你们的生命只是天体音乐[1]中的一小段和弦，因此你们痛苦的哭喊也是必不可少的，否则天体音乐将会如大米布丁[2]一般绵软！你们这些不可理喻的野兽！”

邪恶的人捧腹大笑到浑身颤抖。天使们依旧非常严肃，他们悲哀地说道：“你们所有人都不例外！可怜的国王不会知道乞丐遭受了多少折磨就会得到多少欢乐。基于这一切，才有了这宫殿林立的宏伟的梦幻世界。”

“这只会让我们更加渴望！我们不想自欺欺人！”愚蠢的恶人们叫嚣着，他们一心只想着被取悦和祝福。

“好吧，如果你们不喜欢自欺欺人，”天使们怒喝道，“那你们可以回到自己的坟墓里去。我们在这个光明世界里所赋予你们的新生，不该被你们自相残杀的愚蠢玷污！”

手拿深绿色冷杉树枝的浅绿色天使站了出来，用深绿色的冷杉树枝敲

---

1 天体音乐（德语：Sphärenmusik），又称音乐宇宙、音乐的普适性，是一种古老的哲学概念，它将太阳、月亮、行星等天体运动中的均衡视为一种音乐形式。这种“音乐”并非字面意义上可听见的声音，而是一个物理学、数学或宗教概念。

2 大米布丁（德语：Milchreis），一种由大米、牛奶、糖、肉桂等原料制成的甜品，在欧美国家也常以此来形容软弱的人。

打了所有不满的人。

被敲打的人倒下并死去。

很快，他们就被抬走并重新埋入雪中。

恶人们很快便无影无踪。

而善良的人则对能够生活在一个蒙福的梦幻世界中心存感激，静静地把前世的折磨带入了新的生命，笑对一切且别无所求。

浅绿色的天使往回走，慈爱地轻抚着善良之人聪明的脑袋。

透过彩色玻璃，新的幸福洋溢在雪夜里，一切如此奇妙。

翡翠圆顶的绿色光束照亮了黑色的宇宙。

蓝宝石塔楼变得更加高耸——仿佛有生命力的幻象。

巨大的蛋白石格构如百万只舞动的蝴蝶闪闪发光。

许多较小的城堡看起来就像萤火虫，点缀在被称为地球的白色雪球上。

在这永恒的暮光时分，一切都如此动人、庄重，让每个人都可以沉静下来。

大天使第二次向地球低下了头。

巨大的金色卷发像之前一样形成了一个华丽的光环。身形无比雄伟的天使把灯火辉煌的宫殿重新收进背包，戴上了手套，将教堂放入怀中，接着展翅远去。

很快地球就会一如往昔地缓慢转动——就像小孩堆雪人时滚动的大雪球。

紫色的太阳在远方发出微弱的光，像一盏灯油已烧尽的吊灯。

金色的群星在黑丝绒般的天空中闪烁——就像一座座光辉灿烂的城堡。

夜是如此安静——死一般的寂静！

40 个实例：历史上的城市之冠

图 2 查尔斯·库特[1]，《城市景观》

1 查尔斯·库特（Charles Cottet，1863—1925 年），法国后印象派画家，以其描绘法国布列塔尼半岛（Bretagne）乡村景观和海景的暗调绘画而闻名。此幅画作描绘的是西班牙城市塞哥维亚（Segovia）的景观。塞哥维亚老城镇及其输水道（Aqueduct）为世界文化遗产，整个城镇雄踞在一个狭长的山岩上，周围的城墙始建于 8 世纪，其中的塞哥维亚大教堂（Catedral de Segovia）被誉为“教堂中的贵妇”，是西班牙最后建成的哥特式教堂，也是欧洲最后建成的哥特式教堂之一，其高达 88 米的钟楼是西班牙最高的钟楼。

图 3 圣米歇尔山[1]

1 圣米歇尔山（Mont-Saint-Michel）是法国诺曼底附近距海岸约 1000 米的岩石小岛，是天主教徒的朝圣地。圣米歇尔山及其海湾为世界文化遗产，山顶建有著名的圣米歇尔山修道院（Abbaye du Mont-Saint-Michel，始建于 10 世纪），其建筑群是整个中世纪规模、难度、耗资最大的建筑工程之一。

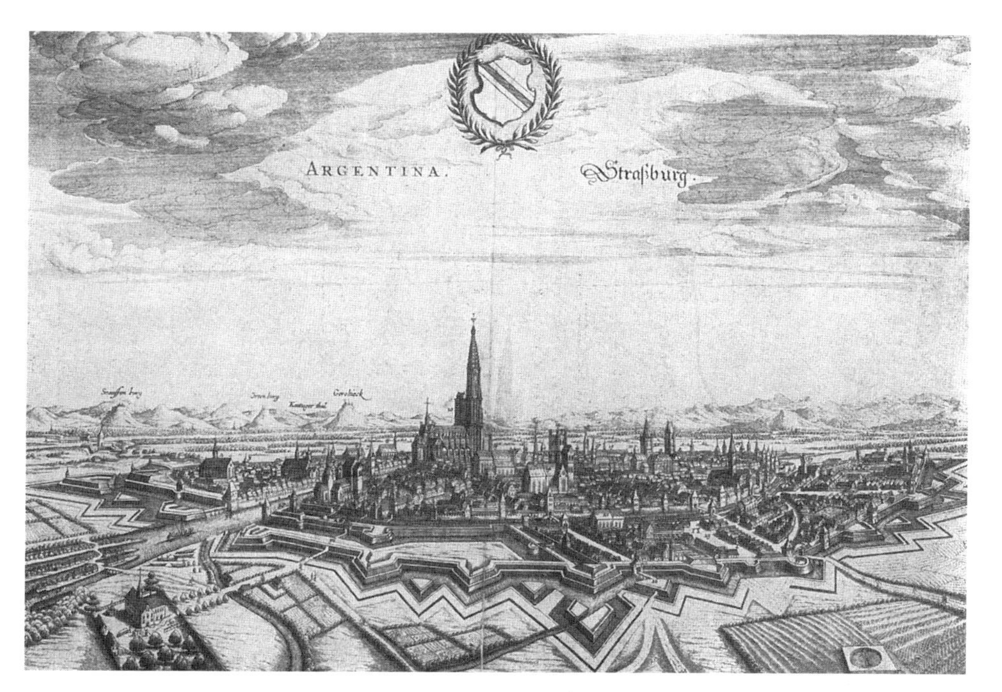

图 4 斯特拉斯堡[1]

1 斯特拉斯堡（Strasbourg），法国东北部城市，与德国隔莱茵河相望。斯特拉斯堡的历史中心区为世界文化遗产，位于被伊尔河（Ill）环绕的大岛（Grande Île）上，其中有大量中世纪以来的精美建筑。位于中心的斯特拉斯堡大教堂（Cathédrale Notre-Dame de Strasbourg，建于 1015—1439 年）是著名的哥特式建筑，用来自附近佛日山脉（Massif des Vosges）的粉红色砂岩石料筑成，曾以 142 米的高度在 1647—1874 年的 227 年里成为世界最高建筑，现在是世界第六高教堂，也是现存最高的中世纪建筑。

图 5 蒙泰孔帕特里[1]

1 蒙泰孔帕特里（Monte Compatri），意大利市镇，坐落于罗马东南郊外的阿尔巴诺丘陵之上。

图 6 达勒姆[1]

1 达勒姆（Durham），英格兰东北部城市。城中的达勒姆大教堂（Durham Cathedral，建于 1093—1133 年）和与之毗邻的达勒姆城堡（Durham Castle）坐落在威尔河（River Wear）河畔的高地上，两者共同被列为世界文化遗产。达勒姆大教堂被认为是欧洲最大、最杰出的罗马式建筑（Romanesque architecture）之一，其 66 米高的钟楼俯瞰全城，而教堂中殿对于肋架拱顶（rib vault）的运用已预示着哥特式建筑的诞生。

图 7 阿德里安堡，塞利米耶清真寺[1]

1 塞利米耶清真寺（Selimiye Camii，建于 1569—1574 年），位于土耳其西北部城市埃迪尔内（Edirne）。埃迪尔内史称阿德里安堡（Adrianopel），曾为奥斯曼帝国首都。塞利米耶清真寺及其建筑群为世界文化遗产，其中的塞利米耶清真寺是整个库里耶（külliye，一种以清真寺为中心的建筑群，常包括伊斯兰学校、医院、厨房、面包房、土耳其浴场等，同属一个机构管理）的中心建筑，被视为伊斯兰建筑的最高成就之一，其宣礼塔高 83 米。

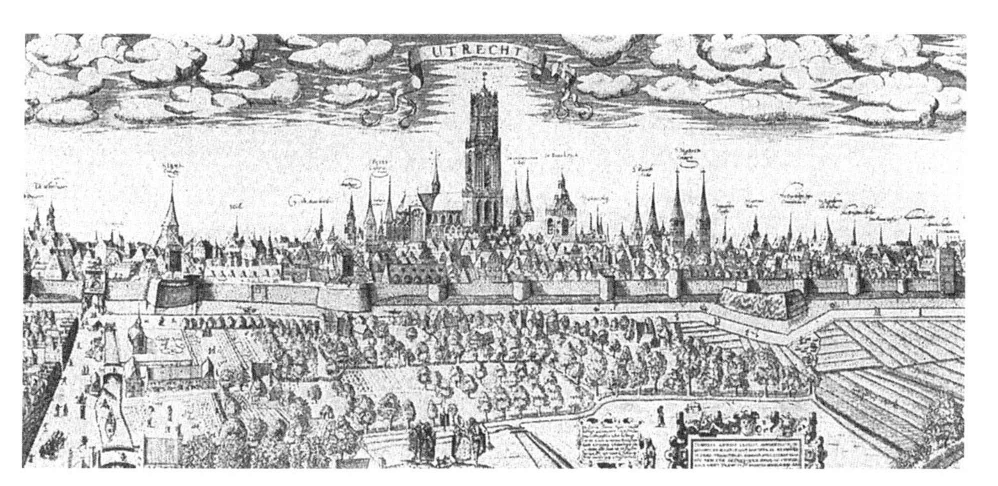

图 8 乌得勒支[1]

1 乌得勒支（Utrecht），荷兰第四大城市，从 8 世纪起就是荷兰的宗教中心。乌得勒支的标志性建筑是 112.5 米高的圣马丁大教堂塔楼（Domtoren，建于 1321—1382 年）。塔楼为哥特式建筑，是 14 世纪欧洲最大的钟楼之一，时至今日仍是荷兰最高的教堂钟楼，也是乌得勒支最高的建筑。其最显著的特征之一是没有可见的扶壁，其独特的建筑形式也影响了荷兰的许多其他钟楼。

图 9 亚述神庙，复原图[1]

1 此图为法国建筑师、建筑史学家 Charles Chipiez（1835—1901 年）绘制的亚述帝国（Assyria，公元前 25 世纪至公元前 6 世纪兴起于两河流域的国家）时期神庙的复原图。

图 10 马杜赖，大塔门[1]

1 马杜赖（Madurai），印度南部城市，印度教圣城之一。整个城市以著名的印度教神庙米纳克希神庙（Meenakshi Temple，主要建于 12—16 世纪）为中心，寺庙建筑群中有 14 座高度在 45 ～ 52 米之间的塔门（gopuram，印度教神庙入口处的塔式建筑，塔身通常有华丽的彩色装饰），其中最高一座为 51.9 米。

图 11 耶路撒冷的所罗门圣殿，复原图[1]

1 此图原书图注为“Salomonischer Tempel zu Jerusalem, Rekonstruktion”（耶路撒冷的所罗门圣殿，复原图），经译者查证，此图更准确的信息应为 *Histoire de l'art dans l'Antiquité*（《古代艺术史》）一书中 Charles Chipiez 根据《圣经·以西结书》（*Ezekiel*）的描述绘制的以西结圣殿（Ezekiel's Temple）想象图。

图 12 科隆[1]

图 13 塞利农特，复原图[2]

1 科隆（Köln），德国西部城市。莱茵河畔的科隆大教堂（Kölner Dom，建于 1248—1473 年、1842—1880 年）是科隆的标志性建筑。科隆大教堂为世界文化遗产，是世界第三高教堂，也是世界上第三大哥特式教堂，其塔楼高 157 米，在 1880—1888 年曾是世界最高建筑。

2 塞利农特（Selinunte，创建于公元前 628 年），古希腊城市，位于意大利西西里岛南岸。在其临海的高地上，考古研究者发掘出了包含五座神庙的卫城。

图 14 雅典[1]

1 雅典（Athens），希腊首都，其有记载的历史超过 3400 年，是世界上最古老的城市之一。其城市象征雅典卫城（Acropolis of Athens）为世界文化遗产，建于海拔 150 米的平顶岩之上，是最著名的卫城之一。从雅典各个方向都可以看到耸立于卫城顶端的帕特农神庙（Parthenon，建于公元前 447—公元前 432 年）。

图 15 仰光，雪德宫大金塔[1]

1 雪德宫大金塔（Shwedagon Pagoda），是一座位于缅甸城市仰光（Yangon）的窣堵坡（stupa），其高度为 98 米，坐落于仰光南面最高的圣丁固达拉山（Singuttara Hill）上，是仰光的地标性建筑，也是缅甸的佛教圣地。

图 16 萨拉曼卡[1]

1 萨拉曼卡（Salamanca），西班牙西部城市，其老城镇为世界文化遗产。图中最高的建筑为萨拉曼卡大教堂（Catedral de Salamanca）。大教堂分为两个部分，新大教堂（Catedral Nueva，建于 1513—1733 年）与旧大教堂（Catedral Vieja，建于 12—14 世纪）毗邻，兼具哥特式和巴洛克式两种风格，其钟楼高 92 米。

图 17 仰光[1]

1 图中塔状建筑（窣堵坡）为仰光的苏蕾塔（Sule Pagoda），其底座呈八角形，高 47 米，是整个城市的中心，仰光的主要街道都以它为中心向四周延展。

图 18 布阿尔库什[1]

1 布阿尔库什（Buarcos），葡萄牙西海岸城镇，靠山面海。在 17 世纪，布阿尔库什人为抵御海盗沿海岸修建了城墙和要塞。此图由德国铜版画家 Daniel Meisner 绘制，出版于 1625 年。

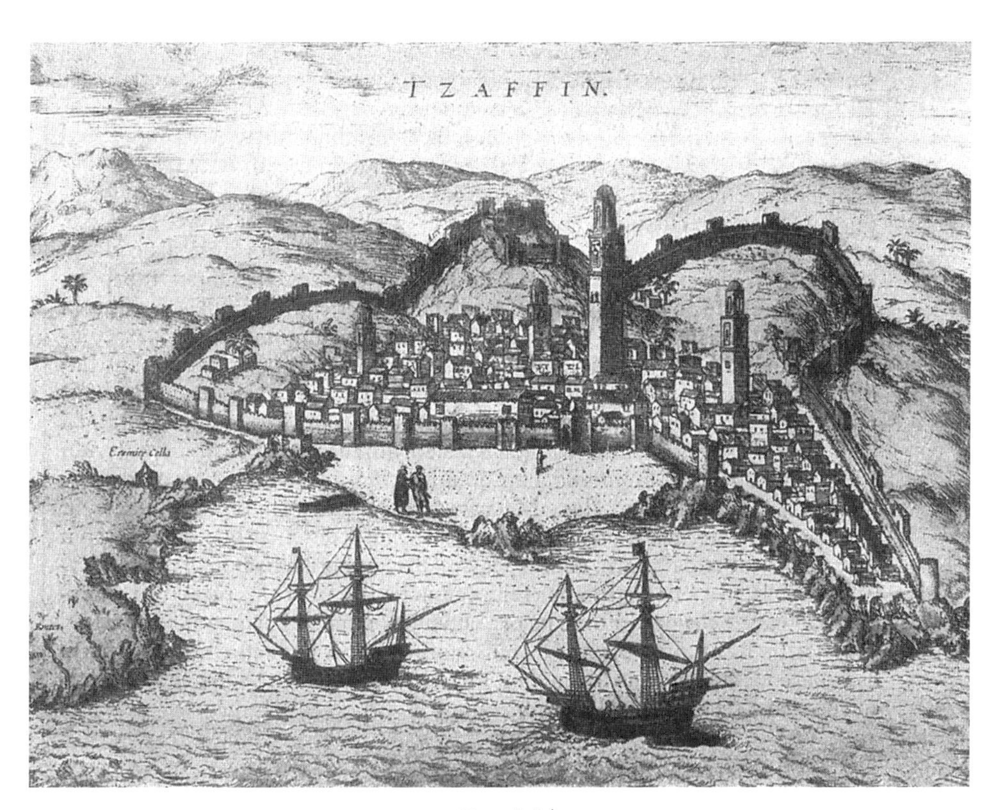

图 19 萨非[1]

1 萨非（Safi，也曾被称为 Tzaffin），摩洛哥西海岸城市，是摩洛哥历史最悠久的城市之一。葡萄牙人曾在 1488—1541 年统治萨非，并在此建立了要塞。此图由德国地理学家 Georg Braun、铜版画家 Frans Hogenberg 绘制，出版于 1572 年。

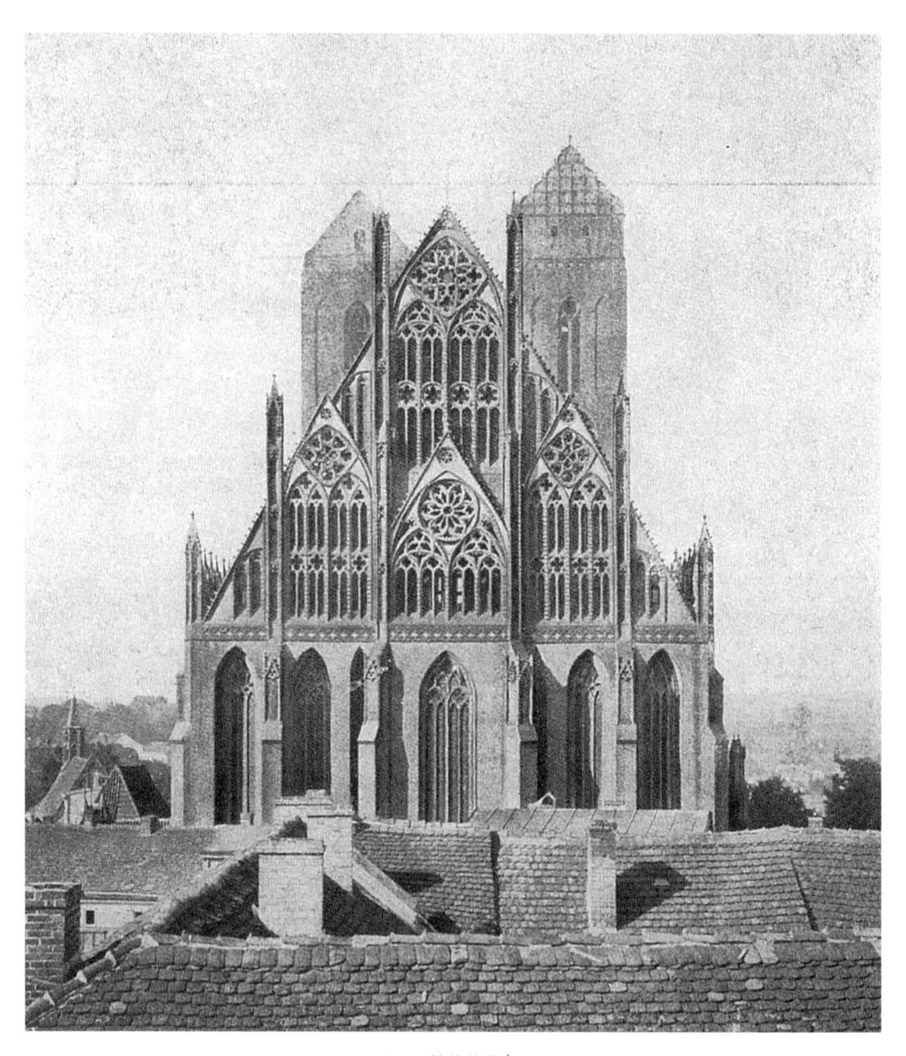

图 20 普伦茨劳[1]

1 普伦茨劳（Prenzlau），德国东北部城市。图中的建筑为圣玛丽教堂（Marienkirche，建于 13—15 世纪），是德国北部最华丽的砖砌哥特式（Brick Gothic）教堂之一，其钟楼高 68 米。

图 21 开罗[1]

1 开罗（Cairo），埃及首都，其伊斯兰老城为世界文化遗产。此图为开罗大城堡区（Cairo Citadel，始建于 12 世纪）远景。

图 22 位于巴勒斯坦的希伯伦[1]

1 希伯伦（Hebron），巴勒斯坦城市，在犹太教中是仅次于耶路撒冷的圣城，其老城区为世界文化遗产。此图由英国著名的东方主义（Orientalism）画家大卫•罗伯茨（David Roberts）绘制于 1839 年。

图 23 莫斯科，位于莫斯科克里姆林宫的大教堂[1]

1 此图原书图注为“Moskau. Große Kathedrale im Kreml”（莫斯科，位于克里姆林宫的大教堂），图中建筑更准确的信息应为莫斯科的圣巴西尔大教堂（Собор Василия Блаженного，建于 1555—1561 年），位于俄罗斯红场南端、紧邻克里姆林宫（克里姆林宫和红场共同为世界文化遗产），其被视为俄罗斯的象征之一，高 47.5 米。

图 24 莫斯科与克里姆林宫[1]

1 此幅古铜版画描绘的是在莫斯科河（Moskva River）河畔远眺克里姆林宫（Kremlin）的景观。

图 25 拉谢斯德约[1]

1 拉谢斯德约（La Chaise-Dieu），法国中南部市镇。图中最高的建筑为拉谢斯德约修道院（Abbey of La Chaise-Dieu，建于 1043—1400 年）。修道院是杰出的哥特式建筑，也是整个市镇的发源地和中心。

图 26 贝济耶[1]

1 贝济耶（Béziers），法国南部城镇，坐落于奥布河（Orb）河畔的高地之上，是法国最古老的城市之一。图中最高的建筑为圣纳泽尔大教堂（Cathédrale Saint-Nazaire，建于 8—15 世纪），是整个城镇的制高点。教堂为哥特式建筑，其方形钟楼高 48 米。

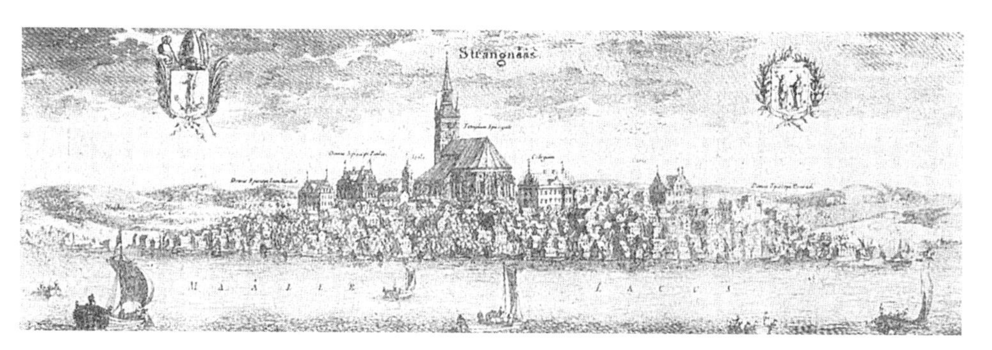

图 27 斯特兰奈斯[1]

1 斯特兰奈斯（Strängnäs），瑞典城市，位于梅拉伦湖（Mälaren）湖畔。此幅版画描绘的是 1700 年左右的斯特兰奈斯。坐落于一座小山顶的斯特兰奈斯大教堂（Strängnäs domkyrka，建于 13—18 世纪）是城市的标志性建筑。教堂为哥特式建筑，其钟楼高 96 米。

图 28 比萨，大教堂广场[1]

1 大教堂广场（Piazza del Duomo），又名奇迹广场（Piazza dei Miracoli），位于意大利中部城市比萨，为世界文化遗产。广场上有四大建筑：比萨大教堂（Duomo di Pisa，建于 1063—1092 年，罗马式建筑）、比萨斜塔（Torre pendente di Pisa，建于 1173—1372 年，罗马式建筑，高 55.86 米）、圣若望洗礼堂（Battistero di San Giovanni，建于 1152—1363 年，结合了罗马式建筑和哥特式建筑，高 54.86 米）、比萨墓园（Camposanto Monumentale，建于 1278—1464 年，哥特式建筑）。

图 29 但泽[1]

1 但泽（Danzig），波兰北部港口城市。图中最高的建筑为圣玛利亚教堂（Bazylika Mariacka，建于 1342—1502 年），是世界上最大的砖砌哥特式教堂之一，其钟楼高 82 米。

图 30 亚丁[1]

1 亚丁（Aden），也门港口城市，自古为东西方贸易重要港口，其老城坐落于一个死火山口。此图由德国地理学家 Georg Braun、铜版画家 Frans Hogenberg 绘制，出版于 1572 年。

图 31 斯里维利普图尔[1]

1 斯里维利普图尔（Srivilliputhur），印度南部城镇，整个城镇以斯里维利普图尔安达尔神庙（Srivilliputhur Andal temple）为中心，其 59 米高、共 11 层的塔门是斯里维利普图尔最重要的地标，也被用作其所在的泰米尔纳德邦（Tamil Nadu）政府的官方标志。

图 32 庙台子，祠庙[1]

1 此图原书图注为“Miao tai tze, Gedächtnistempel”（庙台子，祠庙），经译者查证，其更准确的信息应为位于中国陕西汉中的张良庙。张良庙坐落于秦岭南坡的紫柏山麓，庙台子是山中的一片小谷地。相传汉高祖刘邦的主要谋臣、“汉初三杰”之一的张良辅佐刘邦成就帝业后隐居于此，后人在此建庙奉祠，因张良曾封“留侯”，故又名“留侯庙”，此后便成为道教圣地，现存建筑为明清两代所建，为全国重点文物保护单位。

图 33 巴黎[1]

1 巴黎（Paris），法国首都与最大城市，世界上最重要的政治和文化中心之一，此图中心的建筑为著名的巴黎圣母院（Notre-Dame de Paris，建于 1163—1345 年）。巴黎圣母院被广泛认为是法国哥特式（French Gothic）建筑的最杰出代表之一。其钟楼高 69 米，尖塔高 90 米。

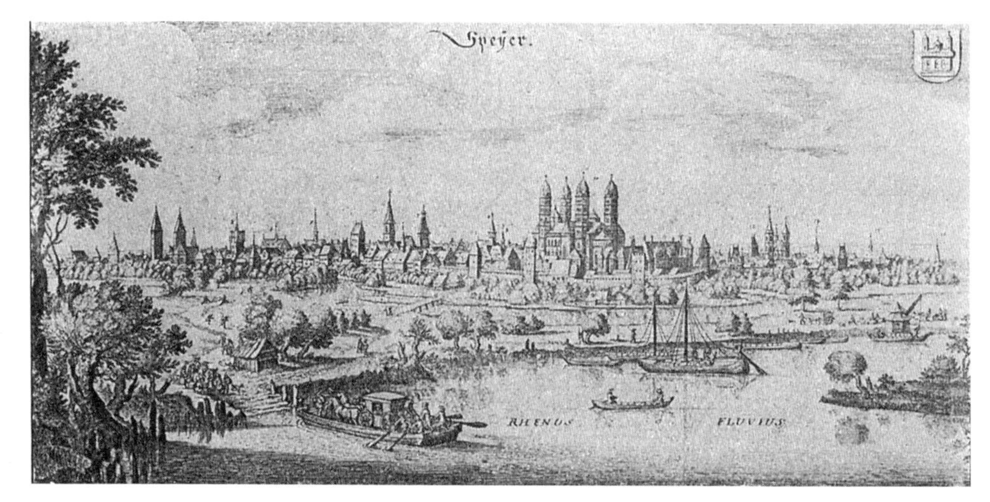

图 34 施派尔[1]

1 施派尔（Speyer），德国城镇，位于莱茵河畔，由古罗马人创建，是德国最古老的城市之一。此图由德国作家 Martin Zeiler、瑞士铜版画家 Matthäus Merian 绘制，出版于 1645 年。城中最高的建筑为施派尔大教堂（Speyerer Dom，始建于 11 世纪），是世界上现存最大的罗马式教堂，世界文化遗产，其钟楼高 71.2 米。

图 35 美茵茨[1]

1 美茵茨（Mainz），德国城市，位于莱茵河与美茵河（Main）的交汇处。此图由德国铜版画家 Daniel Meisner、Eberhard Kieser 绘制，出版于 1623 年。美茵茨的标志性建筑为美茵茨大教堂（Mainzer Dom，始建于 10 世纪），其建筑融合了罗马式、哥特式、巴洛克式三种风格，其钟楼高 82.5 米。

图 36 托莱多[1]

1 托莱多（Toledo），西班牙中部城市，其历史城区坐落于塔霍河（Tagus）河畔的高地上，为世界文化遗产。图中左侧建筑为托莱多圣母大教堂（Catedral Primada Santa María de Toledo，建于 1227—1493 年），被认为是西班牙哥特式建筑的杰作，其钟楼高 92 米；图中右侧建筑为托莱多城堡（Alcázar de Toledo，始建于 3 世纪），是一座坐落于托莱多最高处的石砌城堡，1936 年发生于此的西班牙内战战役使该建筑成为西班牙民族主义的象征。

图 37 曼谷[1]

1 曼谷（Bangkok），泰国首都与最大城市。图中的建筑群为黎明寺（Wat Arun），坐落于昭拍耶河（Chao Phraya）西岸，是泰国的标志之一。其主塔（prang）建于 19 世纪初，高 80 余米，塔身表面装饰着贝壳和来自中国的彩色瓷片。

图 38 吉登伯勒姆，湿婆神庙水池[1]

※其他3个实例详见后文的“图38 吴哥窟”“图57 伦敦”“图62 奥格斯堡”。

1 此图原书图注为“Tschillambaram, Schiwa-Teich”（吉登伯勒姆，湿婆水池），经译者查证，其更准确信息应为位于印度南部城镇吉登伯勒姆（Chidambaram）的娜塔罗伽神庙（Nataraja Temple，建于10—13世纪）。该神庙是整个城镇的中心，也是湿婆教最重要的圣地之一。神庙共建有4座巨大的塔门，图中的塔式建筑为其北塔门，高约43米。

城市之冠

建　筑

建筑的辉煌应被称赞千万次！

当人类在面对自然，暴露在严酷的天气和各种危险之中时，它满足了人类对庇护的需求。如此看来，建筑以优美的形式满足了人类的实际需求，而它作为一种“功能性艺术”的作用是次要的。只有当人类的追求超越了对基本功能的满足、开始寻求丰富的体验时，建筑才变得更引人注目，并更有力地展现自身。建筑并不局限于满足基本需求，它本身就是一种艺术形式。

总的来说，以上观点是现今大众和建筑业者对建造艺术的共识。建筑师无须因此而抱怨。满足人们不断增长的需求是一项伟大的使命。没有与需求紧密结合的形式，人性就无法得到滋养。形式凭借其内在的真实性，净化了文化并促进其发展。在某种程度上存在着一个关于形式的问题，即意象的创造，因此当对丰富体验的追求成为动力、功能不再是一个限制因素时，意象的意义和价值必将突显。这样一来，设计不再仅仅关乎形式与用途的统一，因为除此之外形式的变换应服务于生命乐趣的提升。设计关乎的是形式与高于基本需求的目标的统一，显然我们对于建筑的认知、对建筑师真正使命的理解都过于狭隘。

把建筑仅仅看作精心设计的功能形式，或者容纳基本需求的装饰性外观，这种将建筑视为一种工艺的观念实在是贬低了建筑的意义。当对建筑物的追求超越了对基本需求的满足时，建筑便成为一门艺术，一种想象力的游戏，与用途之间只有松散的联系。然而，如果人们的想象不根植于人类的精神世界和存在的意义，便无法产生意义深远的物质形式。即使将建筑置于一种卑微的地位，如果不以更宽泛、更自由的方式理解“用途”这一术语，那么用途已不足以解释建筑。

像其他任何艺术一样，建筑必须根植于全人类的存在之上，通过这一切它才能实现自身的价值、与世界的关联。建筑形式本质上的抽象性使得人们时常错误地将其与音乐相提并论，因此作为建筑的原点，建筑有形的内核就必须特别清晰而强大。建筑很难像音乐一样以抒情的方式重现其创作者的变化的情绪。作为屹立百年的人类精神的石筑纪念碑，它必须建立在广泛而强大的认知之上。尽管其精神上的创造者可能是一个人，但它的诞生需要许多双手和许多物质手段。建筑师必须认识并了解他的建造对象——民众的所有深切感受和想法。当然，他的工作不应只追求短暂的东西，即所谓的“时代精神”[1]，还应该追求那些世代延续的潜在精神力量。这些精神力量隐藏在信仰、希望、渴望之中，追求光明并渴望以更崇高理想“建造”。一开始，似乎有必要完全基于需求来完成各项设计任务，但事实上造就建筑的并不是实际需求，而是意象。这说明，建筑师作为艺术家，其意志由完全不同于纯实用性的东西所指引。因此，这种意志超越了单纯的功能性——这一点不言自明。实际用途最少，或是根本没有实际用途的建筑物，最能展现建筑师的意志。

---

1 时代精神（Zeitgeist），该概念出自 18—19 世纪的德国古典哲学，指体现于社会精神生活各个领域的一定历史时代的客观本质及发展趋势。其作为外来词被英语和许多其他语言借用，在建筑学领域也常被使用。

纵观所有伟大的文化时代，每个时代的建造意志都对应着一种史无前例的建筑类型。今天有关建筑营造的狭隘观念是对过去的完全颠覆。屹立于历史城市之上的大教堂，屹立于印度人棚屋之上的佛塔，坐落在中国方形城市之中的大片庙宇，坐落在古城普通民居之上的雅典卫城，这些都表明：任何顶峰、最高点都是宗教观念的结晶——这既是所有建筑的原点，也是所有建筑的终极目标。它的光辉照耀着每一座建筑物，甚至是最简易的棚屋，并昭示着建筑物在满足最简单的实际需求的同时，仍可以表现出一丝的光辉。这种生命哲学的深度和力量不局限于大型建筑物，其所带来的热情和激情也在小建筑中创造美。这一点深藏在建筑师的使命之中，仅凭这一点就能够实现对尺度的正确认识，并防止大与小、神圣与世俗之间的边界变得模糊——我们这个时代正深受其害。在哥特时代，对这份使命的忠诚激发了教堂建筑中惊人的冒险精神，同时在最普通的建筑中也引起了实际需求与建造需求之间不断的相互渗透。

过去的城市

过去的城市肌理是对人类的内在结构和思想的清晰反映。显而易见的是，我们眼前任何能让人感到心灵相通的事物都是精神的建筑。棚屋、住宅、市政厅，都在教堂、寺庙，或者某种可被称为伟大、独一无二的建筑中达到顶峰。这种超越实体建造物的肌理的凝聚力如此紧密，通过生命的愉悦、世界观、各种艺术形式将人类融为一体。建筑渗透了一切的存在，它的这一特点才使之本身成为建筑。建筑的意义会被高估吗？它是每个时代的载体、体现、试金石。我们不需要研究文化史、日常生活的细节或是不同时代的政治教条和宗教教义，就可以在石块构筑的证据中清楚看到是什么满足了人类的愿望。因为建筑连接了各个世代，它象征着人类的第二生命，它是最忠实的镜子。它宣告着逝去先知们的教导和各个朝代的信仰。因此，对于以石块呈现的生命和思想世界来说，“建造艺术”一词似乎太小了。

旧城的风貌是真实的、纯粹的、清晰的。最伟大的建筑物源自最崇高的思想：信仰、上帝、宗教。礼拜堂统领着每一个村庄和市镇，就像大教堂雄伟地统领着大城市，这与我们今天所看到的蔓延至旧城外的廉租公寓完全不同。在过去是虔诚的思想造就了那些建筑的雄伟，这一点无须解释。要塞和城堡虽常常位于显要位置，却与宗教建筑毫无共同之处。实际的防卫需求造就了它们的显要位置，但在今天的战争中这种需求已不复存在。大教堂却凭着动人心魄的中殿和实用性稍弱的塔楼（其用途仍必不可少），作为真正的城市之冠留存至今。尽管过去的城市在政治上有着很强的独立性，但市政厅、市政建筑、行会大厅和许多其他建筑在精美壮丽程度上都次于大教堂，就像多彩的宝石围绕着闪亮的钻石。代表最崇高理念的一切都蕴含在其中。城楼林立的城墙，环绕着市政厅的一排排有山墙的房子，教堂的塔楼，最后是大教堂——这一切共同构成了一个完整的、越来越强烈的韵律，并在顶端达到高潮。鉴于城市生活丰富，城市的各组成部分也许并不总能被清楚地识别，但其内在的结构是明显的。单凭神职人员的存在并不能解释城市的这种渴望，因为这是更深层次的宗教需求的结果。无论我们如何试图解释这一现象，不管它是否是过去的建造者们有意识的计划，它都在那里，并且与我们对古老而美丽的城市的认知密不可分。在遥远的过去也可以发现同样的现象，在古代巨大的庙宇中，在亚洲的寺庙和佛塔中，这种现象更为突出，没有了围墙往往形成与民居更强烈的对比。

混 沌

无须太多的解释，人们自然而然地把旧的城市结构看作一个生长的有机体。虽然不同的地方性特征导致了数不清的差异，但本质上保持不变的是城市围绕大教堂和市政厅来发展。城墙原本坐落在离中心非常远的地方，以便在攻城战发生时农村居民可以逃入城内。随后城市不断向外围的城墙扩展。

经济繁荣带来振奋人心的成效，使得火车交通量大增，城市的结构怎么就突然改变了呢？廉租公寓、工厂、办公楼大规模扩张，却依然依附于老的中心，威胁着一直以来真正的城市核心。由于新与旧的结合已不再可能，城市规划的理念中充斥着不确定和困惑。过了很久，人们才终于意识到城市混沌状况的浮泛无根。在可预见的未来，似乎已没有可能清理这种文化缺失的奥革阿斯的牛圈[1]！对建筑基本观念的忽视已过于泛滥。“天堂，艺术的发源地”已消失，成为“地狱，权欲的发源地”（谢尔巴特）[2]。变了样的城市曾经是最美丽和谐的事物，对自然规律的遵循总是可以带来内容和形式的统一。即使是最肮脏的廉租公寓，或是所有独户住宅，无论多么丑陋，都总是与发生在其中的生活相协调。如果现在上帝降临，赐予人

1 奥革阿斯的牛圈（德语：Augiasstall），希腊神话中的典故。奥革阿斯是希腊神话中埃利斯国王，太阳神赫利俄斯之子，拥有大批牲畜。因为传说奥革阿斯的牛圈 30 年从未打扫，污秽不堪，所以在西方常以“奥革阿斯的牛圈”来形容“最肮脏的地方或者积累成堆难以解决的问题”。

2 陶特在此引用了保尔·谢尔巴特的著作《天堂：艺术的故乡》（*Das Paradies. Die Heimat der Kunst*, 1889 年）。

们最美的居所，这些新居所中的生活也会随之变得美好。然而，这种混乱的现状确实需要上帝。只有少数认识到这种物质至上生存方式的无望和丑陋的人，才能从独特的观点出发，慢慢挖掘并寻找新的秩序。

新的城市

起初，有人对过去城市意象的美好有一种根深蒂固的浪漫热爱，他们通过对街道和广场形态的研究，寻求一种新的美学取向（卡米诺•西特）[1]。此外，还有人从社会、经济、健康的角度对城市规划这一新的概念进行研究。其目标是组织城市街区和街道，同时认清建立新城市应首先遵照的所有原则（特奥多尔•顾克）[2]。这一思路形成了被称为“城市设计”的理论。然而直到今天，它在很大程度上只被一些后来者表面化地理解，常常只是流于形式。但事实上，这一新的理论是一颗希望的种子。所有进步的力量一点点地被城市设计理论所吸收。由于许多设计和理论研究的出现，今天我们对如何最好地组织一座现代城市有了一个大致的概念。

至少在理论上，最终找到了居住区、工业区、商业区、公立学校、公共建筑的一种固定分布形式。然而，重塑和重构现有的城市是不够的。对于新城市的必要的新形态的研究仍在继续，这样居民才能在其中安居乐业。批判性的回顾导致了理论上对廉租公寓住宅的否定，并让人意识到建造小型的独户联排住宅是可行的。田园城市运动致力于创造一种新的城市。新城市包括每套都有自己独立花园的联排住宅，与园艺和农业联系紧密；新

---

1 卡米洛•西特（Camillo Sitte，1843—1903 年），奥地利建筑师、城市理论家、画家，其著作《城市建设艺术——遵循艺术原则进行城市建设》（*Der Städtebau nach seinen künstlerischen Grundsätzen*, 1889 年）对城市规划、城市设计的发展产生了深远的影响。

2 特奥多尔•顾克（Theodor Goecke，1850—1919 年），德国建筑师、城市规划师。他还是柏林夏洛滕堡工学院（Technischen Hochschule Charlottenburg，现柏林工业大学）的教授，陶特曾于 1908 年在此学习。

城市的居住区街道结构布局实用且经济，旨在让人们居住在分布广泛的公园附近；工业区和城市人居环境中所有元素的位置都经过考虑和控制，以杜绝房地产投机。这一运动在英国得到了大力的推广，并在距离伦敦一个小时火车车程的地方建成了“第一座田园城市莱奇沃思”。在德国，许多依附于大城市的城郊住区都将按类似的理念建造。[1]

虽然经常湮没在妥协之中，但田园城市运动中蕴含着一种新的理念，为发展和改进现有城市的规划提供了富有成效的建议。新的理念指导着人们的头脑和双手，它是一种新的城市模式。深切的渴望引导着我们所有人：如亚里士多德所说，我们不仅希望能在城市中生活得安全和健康，也希望能生活得快乐。这种渴望依然深藏在我们的内心之中，不需要我们回想过去。我们自豪地认识到自己的愿望和意向，而这些愿望和意向早已今非昔比。我们满怀希望地为此奋斗，不受任何禁忌的束缚。

1 德累斯顿（Dresden）北部的海勒劳（Hellerau，始建于 1909 年）是德国第一座按照埃比尼泽•霍华德（Ebenezer Howard，1850—1928 年）的理论建设的田园城市。

无头之躯

这一关于新的城市的理念将会结出硕果，我们应为拥有它而高兴。对于我们来说，这是一份坚定的希望：我们的后代将会过上更美好的生活。

但是，让我们牢记一种思想：组织—重构—组织—重构。这一思想不应被低估；然而，它可以被建构出来吗？它本身具有建构推动力吗？没有形象就不存在艺术，形象在哪里？我们应该赋予新的城市什么样的形象？健康的住宅、花园、公园、美丽的道路、工业、商业——一切都秩序井然，人们安居乐业。这里有一所学校，那里有一栋政府大楼——一切都以或浪漫或古典的方式布置得井井有条。但是，似乎不可能所有事情都是舒适、轻松、愉快的。这一切可能就如阳光之下的雪般冰消瓦解。难道这一切没有头，这个躯体没有头吗？这不就是我们的样子，我们的精神状态吗？我们看着过去的城市，不得不无奈地说：我们没有坚定的立足点。

我们有市政建筑、学校、浴场、图书馆、市政府大楼等。这些建筑当然可以统领整座城市！——但是出于实际的原因，其中的一些建筑（除了中央图书馆）必须散布在我们宜人的城市中，以发挥它们有利的影响。尽管如此，位于城市中心的政府大楼仍可以居高临下，就像曾经的市政厅！然而，虽然市政厅是政权的忠实体现，但它仍然次要于大教堂。我们的市政厅中只有各种市政管理部门。市民们到来，登记，纳税或缴费，然后离开。除此之外，市政厅可能包含市议会大厅、会议室和其他的空间；我们对生活的看法可能支配、凌驾于整座城市之上，但市政厅这样的架构是否充分体现了我们对生活的看法？因为成本原因，赋予现代市政厅一个塔楼和厚重的建筑形象的做法被抛弃无可厚非，因为它与建筑的内部运作相矛盾[1]。今天的城市或许有自身独立的行政管理，但早已不再像过去的城邦那样高高在上和具有权威性。而且即使在那时，城市也并不是围绕市政厅而建的。因此，特别是对于国家来说，赋予现在的市政府大楼同样的重要性与我们的现代感并不相符。

国家意识的崛起源自第一次世界大战当中的种族屠杀，它使得国家这一概念成为建造新城意志的最崇高表达。在古代，国家意识常常与宗教紧密联系，以至于古希腊城市中的卫城或者古罗马城市中的广场伴随着神庙，同时作为最高立法、司法、行政的所在。然而，对这种模式的模仿在今天只会沦为一种复制，我们民众的生活只能通过一错再错的模仿来得到充实。即使强烈的国家意识使其具有说服力，但是这样的建筑永远无法成为神圣的辉煌成就。多亏了我们国家的宪法，我们可以心怀感恩地投入到我们的人生任务中。作为一个引导价值观的包容的概念，国家并不凌驾于我们之上或独立于我们之外，而是存在于我们之中。在 1916 年 2 月 5 日，亚历山大 • 冯 • 格莱兴 - 奥斯沃姆[2]曾说过这样一段话。

> 近来，德国公民越来越习惯于让国家代替自己思考，因此或许当这种想法最终占据整个国家的思维机制时，人们可能也不会对此感到不满。然而，我们受教化只是为了国家吗？全世界都将严谨

---

1 此处原书注释为“Cürlis und Stephany: Irrwege unserer Baukunst”。经译者查证，完整的书名应为 *Die künstlerischen und wirtschaftlichen Irrwege unserer Baukunst*（《我们的建造艺术在艺术和经济上的歧路》），其作者为 Hans Cürlis 与 H. Stephany，出版于 1916 年。

2 亚历山大 • 冯 • 格莱兴 - 奥斯沃姆（Alexander von Gleichen-Rußwurm，1865—1947 年），德国作家、翻译家、文化哲学家。

的纪律视为德国理念，但它并不是所谓的德国理念。在我们眼里，国家并不是独立的，也不是一个有组织的权力机构，而是一个以为所有公民利益服务为己任的架构。此外，我们相信公民有权利监督国家履行这一职责，并有权利掌控政府机构的活动。

尼采在《作为教育家的叔本华》中写道："任何一个国家，倘若还要除政治家之外的其他人来为政治操心，就必定治理得很糟，它活该毁在这么多政客手中。"[1]

这种有关国家概念的观点，在政府建筑与城市景观的结合中得到了清晰的表达。菲利普·奥古斯特·拉帕波特[2]在《城市设计》[3]中说了这样一段话。

从古至今，国家建筑的地位发生了巨大变化。在古代，每一个大城市都是一个城邦，在中世纪也是如此。国家的建筑就是城市的建筑。国家的福祉就是城市的福祉。公共建筑的特点是由当地的限制条件所决定的。自从国家包括了数百个城市，国家的建筑一定程度上在各个城市都是外来的。此外，情况已不再像过去那样，所有的一切都恭敬地为公共建筑留出空间，并朝向公共建筑。公共建筑不再享有这样的特权。它们在城市中的正确位置往往难以确定，其艺术设计不再源于国家地域间一致的特点。

1 引用自德国哲学家弗里德里希·尼采（Friedrich Nietzsche，1844—1900 年）的著作《作为教育家的叔本华》（*Schopenhauer als Erzieher*, 1874 年）。

2 菲利普·奥古斯特·拉帕波特（Philipp A. Rappaport，1879—1955 年），德国建筑师、城市规划师。

3《城市设计》（*Der Städtebau*）是卡米洛·西特与特奥多尔·顾克在 1904 年共同创办的杂志，是第一本关于城市设计的德文杂志。

他还建议，建筑规范和发展规划具有与城市社区同等的权利，如果国家没有适时取得公共建筑用地的使用权，两者有权在城市公共空间中组织公共建筑。将市政建筑移到城市边缘的做法相当于“逃离土地”[1]。因此，这样看来现在的表象和内涵是完全吻合的，我们必须为这个躯体另寻一颗头。

1 逃离土地，指的是 19 世纪后期发生在德国的大量农民离开乡村、迁入城市的现象。

高举旗帜

时至今日，和历史城镇风貌中的一样，最崇高、伟大的理想都体现在宗教建筑之中。一直以来，我们都被神的居所吸引，因为它可以传达我们对人类和这个世界最深切的感受。

为什么近代以来，没有一座伟大的教堂建成？或者至少在耶稣会兴起之后，在世界的某个地方有教堂被认真地设计？出于渴望创造的建筑能够团结共同体[1]中人们的憧憬和希望，申克尔浪漫主义的特征使得他提出了在柏林附近的兴建大教堂的方案。[2]不过，这一提案并没有得到支持。

在当代的城市概念中，教堂已经消失了。虽然在规划中有标示出教堂，但它们的分布方式并没有使其在城市中占据有意义的位置。除此之外，关于上帝的观念也同教堂一起，在新的城市中消失了。这并不是说宗教生活已不再与人密切相关，而是其表现渠道已变得越来越小。日常的祈祷和礼拜已经失去了凝聚力。好像人们羞于公开承认自己的宗教信仰，好像精神性已经退回到个人安静的房间。教堂也遵循着同样的过程，随着精神上的引导委托给了传教士，教堂变得分散而支离破碎。虔诚的社区中分布着祷告所，小教堂

1 共同体（德语：Gemeinwesen），指因为共享共同价值观而聚集在一起的社会单位。

2 陶特在此指的是位于柏林、由著名的建筑师卡尔·弗里德里希·申克尔（Karl Friedrich Schinkel，1781—1841 年）设计的解放战争国家纪念碑（Nationaldenkmal für die Befreiungskriege，建于 1818—1826 年），其原方案为一座哥特复兴式大教堂，而最后建成的只是一座类似教堂尖顶的纪念碑。

散落在城市中——这都表明教堂的变化与普遍存在的腐朽有所关联。即使是天主教会的神职人员，如此爱标榜自己，也出现了挥霍的现象。历史悠久的大教堂仍充满了源于传统的宗教生活。然而，当今天对灵魂的关注依然遵循着类似的习俗之时，新的教堂却没有出现。

似乎宗教信仰的力量已不再如前。没有了精修圣人[1]、斗士为之争取。那些曾推动伟大运动的东西似乎在今天被剥夺了教条，退却至个体体验的层面，并正在经历一个彻底转变的过程。

但信仰肯定依然存在。令人无法想象的是，千百万人完全被物质主义所奴役，不知自己为何存在。某种形式的目的必须存在于每个人的胸中，这种意识将个人提升到高于日常琐事的高度，并且使他能够享受与同时代的人、他的国家、全人类、全世界的友谊。它在哪里？生命的深层意义是否也消逝了，还是有一些新的东西正在全人类中流动并等待着被复兴，等待着在宏伟的建筑中显形和具体化？没有宗教，就没有真正的文化，就没有艺术。我们是否应该随波逐流，浑浑噩噩，而不去为自己创造真正的生命之美？

> 宗教的步伐很大，但缓慢。一步需要数千年。它的脚步已经朝着进步的方向迈出，正悬在半空中准备踏下。宗教什么时候会走出这一步？（古斯塔夫·西奥多·费希纳，“Tagesansicht”）[2]

---

1 精修圣人（德语：Bekenner，英语：Confessor）是基督教中圣人的一种头衔，最早是用来授予那些遭受迫害、折磨，但并没有受害致死的圣人。

2 古斯塔夫·西奥多·费希纳(Gustav Theodor Fechner,1801—1887年)，德国哲学家、物理学家、实验心理学家，是实验心理学的先驱、心理物理学的创始人。此处引用的是其1879年的著作 *Die Tagesansicht gegenüber der Nachtansicht*。

有一个词吸引着富人和穷人的共同关注，在世界各地引起了共鸣，它预示了一种新形式：社会主义。它代表了对提高人类福祉的渴望，实现自我救赎从而救赎他人的渴望，天下大同的渴望，将全人类紧密团结在一起的渴望。这种意识存在于全人类心中——至少蛰伏其中。社会主义有着非政治、超政治的意义，它远离一切形式的权威，是人与人之间简单而平常的联系，它弥合了敌对阶级与敌对民族之间的任何鸿沟，使人类团结起来——如果有一种哲学能够冠上今天的城市，它即是这些思想的体现。

如果建筑师不想变得无关紧要，如果他想知道他的人生目标，他就必须设计城市之冠。如果我们不知道滋养一切分支的伟大源流，那么把这个房子或者那栋建筑装扮得漂亮又有什么意义！正如本书开篇所写的，这方面知识的缺乏是今天建筑学被轻视的原因。但建筑师自己应对此负责。如果他们没有终极目标，如果他们不怀着希望和憧憬去想象自己的最高理想，那么他们的存在是没有价值的。他们的才华被浪费在经济斗争上，被浪费在微小的审美琐事上，或是对琐碎细节的过分强调上。在对过去的美化中，在对乡土艺术、功能、材料、比例、空间、平面、线条等折中化或者概念化的绞尽脑汁中，他们耗尽了自己。最终，他们完全没有能力创造美的东西，因为他们已经脱离了取之不尽的美的源泉。对过去建筑风格的研究对于设计者来说帮助不大，因为他们仍然专注于单一的形式，对照耀一切伟大事物之光视而不见。建筑师必须提醒自己，他的职业是多么高尚、光荣、伟大，甚至神圣，并应试图挖掘出人类灵魂深处的宝藏。在完全忘我的状态下，他应该沉浸在人民之魂之中，赋予沉睡在全人类之中的思想以物质表现——至少把其当作一个目标——通过这样来发现自我，认识自己的崇高职业。正如曾经那样，一个祥瑞的、有形的理想应该重新出现，让人们意识到自己是一座伟大建筑的一部分。

颜色终于可以在建筑中再次绽放，创造出今天只有少数人渴望的多彩的建筑。纯净而连续的色彩光谱将再次在我们的房屋中流淌，并将房屋从死亡般暗淡中拯救出来。对辉煌的热爱也将苏醒：建筑师不再回避光明。从新的角度，远离过去的偏见，他现在知道了如何赋予万物以新的形象。

如果现在真的是社会主义在渴望光明，但它仍深藏于表面之下，我们是否有可能创造出潜在之物呢？答案就在大教堂里。在化身实体之前，这些伟大神殿的构想形成于建筑师的脑海中。今天骄傲地矗立在那儿的东西，曾经只是作为一个想法被提出，设计时对它的渴望依然深锁在人民灵魂中的一种不确定的、不清晰的憧憬之内。不过有人会说，大教堂是从卑微的开始和适度的尝试中逐渐发展的，是传统不断累积创造的结果，直至经过长期的实践才横空出世。但我深信既然它是人类的作品，即使在最微小的开端中，这种理念或意向就已经存在。然而，最终的结果已经超越了常人的想象。虽然几个世纪以来类似吴哥窟（图 39）这样巨大庙宇的建筑师的名字（地婆诃罗）被流传了下来[1]，但即使在今天，在印度民间故事中神奇的庙宇还是众神的作品。我们不是也有这样的起源吗？没有什么是无中生有的。有了故事的支撑，建筑才应运而生。没有故事，单纯的想法便不可能成为建筑。正是由于这个原因，所有在现代试图创造一座纪念碑的尝试都注定无果而终，因为这种尝试没有建立在任何要事或者传统之上。这些建筑物都是建构在对过去作

1 相传吴哥窟由 12 世纪的真腊国婆罗门主祭司地婆诃罗（Divakara）设计。

品的误解与表面化的模仿之上的。神殿中的宗教仪式，如献祭、弥撒，类似的一切对于曾经的伟大建筑物的创造来说必不可少。

如果城市之冠蕴含在社会思想之中，我们就必须研究表现出当今思想的行为类型。今天大多数人想要什么？他们在做些什么？有没有什么活动，以一种隐晦的形式表现了大众的渴望？让我们跟随人群，去到他们暂时远离物质追求、度过闲暇时光的地方。于是我来到了这些享乐的场所，从电影院到剧院，或是工人俱乐部和礼堂。人们被对政治的渴望或是对体验共同体的渴望所吸引，来到了这些地方。在这里，我们发现了两个赋予许多建筑生命的原动力：娱乐和对共同体的渴望。这些本能已经被领导者发觉[1]，并且幸运地被加以完善。对娱乐的渴望让许多人走进剧院（据新闻报道，在布鲁塞尔这座有近 600000 居民的城市，每天剧院观众的数量大约是 20000 人）。这种渴望不应被解读为一种追求享乐的原始本能，相反，其中蕴藏着灵魂更高的需求，高于日常生存的需求。德国的剧场观众带着参加礼拜般的敬意进入剧院，表演者们则将他们视为格外感恩、虔诚的宾客。另一个引导民众参与团体活动的动力同样也具有高尚的内在特征。这种动力正是他们渴望通过共同体来自我教化，渴望作为人类的一员与同代人团结一心。显然，这些活动的背后是民众的行为准则，这种行为准则造就了许多豪华的（柏林的人民剧场[2]）、美

---

1 此处为原书注释："Es sei auf den neuerdings begründeten Volkshaus-Bund hingeweisen"（这里必须要提到最近创建的人民之家协会），其中的人民之家（Volkshaus）最早于 19 世纪 80 年代出现在俄罗斯，是供工人阶级开展文娱活动的场所，随后开始普遍出现在其他欧洲国家，其作为工人阶级的社区中心，经常与工会和政党联系在一起。

2 人民剧场（Volksbühne，建于 1913—1914 年），位于德国柏林市中心的罗莎・卢森堡广场（Rosa-Luxemburg-Platz），由匈牙利犹太建筑师奥斯卡・考夫曼（Oskar Kaufmann，1873—1956 年）设计。第二次世界大战期间，人民剧场遭到严重破坏。1950—1954 年，剧场得到重建。

图 39 吴哥窟[1]

丽的（海牙的钻石工人工会[2]）建筑。然而，必须有人将不同的建筑形式整合起来，使之不至于在城市的政治结构中迷失。显然，一场具有相同特征的伟大运动体现了这一趋势，这一运动以最广泛、最有力的方式拥抱了所有人民群众。它隐藏着我们时代的渴望：向往光明，寻求一种看得见的华丽变身。这就是我们这个世界的建造意志。

我们有了新城市的理念，但这是一座没有头的城市。然而，我们现在已经知道了它的头、它的冠必须采用的形式。

---

1 吴哥窟（Angkor Wat，始建于 12 世纪），位于柬埔寨西北部，是世界上最大的宗教建筑群之一、世界文化遗产。吴哥窟融合了高棉寺庙建筑的两种基本元素：立体庙山的多层方坛和平地庙宇的回廊，其中心主塔高 65 米。此图由英国建筑历史学家、著名的印度建筑研究者詹姆斯·弗格森（James Fergusson）绘制，出版于 1876 年。

2 陶特在此指的应该是位于荷兰阿姆斯特丹市中心的钻石工人工会（Algemene Nederlandse Diamantbewerkers Bond，建于 1899—1900 年），由著名的荷兰建筑师亨德里克·彼得鲁斯·贝尔拉赫（Hendrik Petrus Berlage, 1856—1934 年）设计，陶特将其所在地误写为海牙。

城市之冠方案

在此所描绘的设计是一种尝试，试图展示如何在一座新的城市中努力实现城市之冠这一最高的理想。这个方案看起来也许是胆大甚至妄为的，但即使冒着被斥责为莽撞和空想的风险，也必须有人至少做一次尝试。简单来说，这个设计应具体地阐明我们所追求的高度。它不应被视为一个终点，而应该作为一种实现已知目标的驱动力，引领我们更接近未来的目标。

首先，必须讨论将被加冠的对象——城市本身。如本书中的图解所示，新的城市将建立在平原之上（图 40）。为了使这一概念和理论尽可能纯粹，

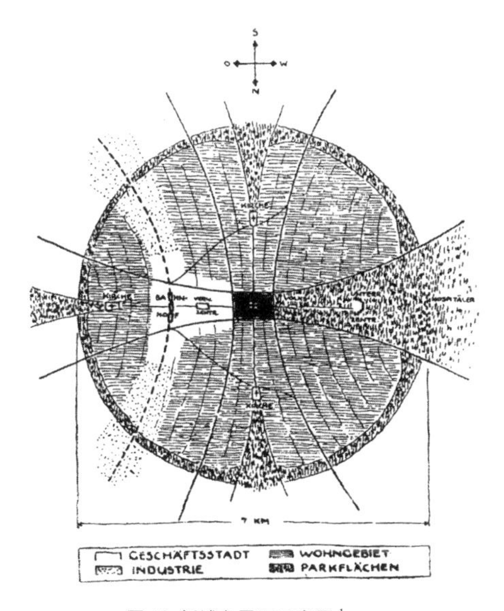

图 40 新城市平面示意图[1]

1 图例第一行：商业区（GESCHÄFTSSTADT）、居住区（WOHNGEBIET）。第二行：工业区（INDUSTRIE）、公园区（PARKFLÄCHEN）。

所有特殊地点所能带来的独特魅力都被有意排除在外，如海洋、河流、山脉。在现实中，这些地形特征都可能使这一模式产生不同的结果，就像过去的城市总是反映出其独特的发展条件。

整座城市覆盖了一个直径大约 7 千米的圆形区域，“城市之冠”坐落在这个圆的中心。城市之冠是一个 800 米 ×500 米的方形区域，与主要的交通干线相连接。考虑到流线与美学上的原因，这些交通干线不会从区域中间贯穿，而是与其相切，并以弧线形向外辐射。遵循类似的弧线，铁路被布置在城市的东部，以便商业区可以在火车站与市中心之间发展。出于实用性的原因，行政建筑、市政厅和其他类似的建筑物将坐落在城区内不同广场的周边。此外，工厂位于城市的东部，沿着铁路线延伸至城外，以使城市远离工厂的排放物。

在城市西部，坐落着一个大型的扇形公园，新鲜的空气被从盛行风的方向由森林和田野引入城市中。这个公园就像一条生命线，将城市中心与开阔的乡村连接起来。它应该作为一个真正的人民公园，有游乐场、草坪、水池、植物园、花坛、玫瑰园、大片的树丛和森林，并一直延伸至开阔的乡村。沿着城市中心轴线，三座主要的教堂和学校分布在居住区内，教学中心（大学）位于公园的中间，更远处是医院。作为通往火车站的捷径，两条主要街道与其直线相连。

在居住区中，街道主要为南北向，使得住宅东西向的正面都有阳光照射，同时也为街道和花园挡风。居住区完全以田园城市的方式设计。如图 41、图 42 所示，成排的低层独户住宅每栋都带有幽深的花园，如此一来居住区

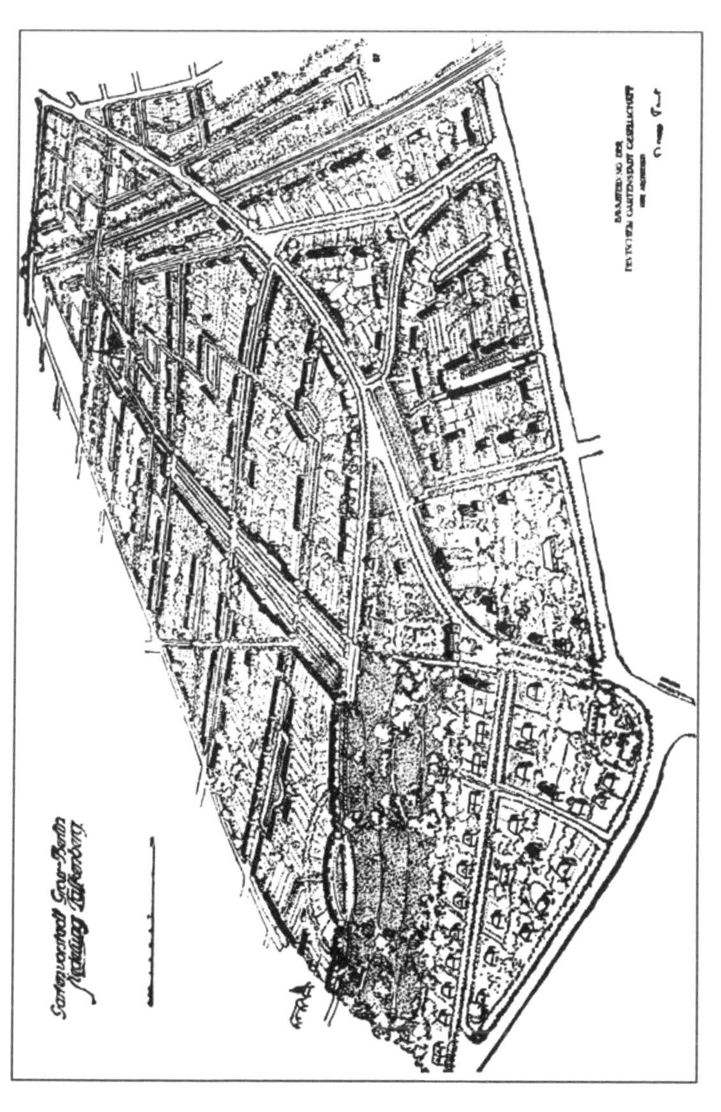

图41 田园城市住区法尔肯贝格[1]

1 法尔肯贝格（Falkenberg，建于1913—1916年），位于柏林东南的住区，由陶特根据田园城市的理念规划设计。2008年，其与另外5个住区一起，作为柏林现代主义住区（Berlin Modernism Housing Estates）被共同认定为世界文化遗产。

图 42 法尔肯贝格街景

本身成了一片园艺区，使得距离较远的社区花园不再必不可少。环状公园的外围是农业区。城市的总面积为 38.5 平方千米，居住区约占 20 平方千米。田园城市式的住宅区可以容纳 300 000 名居民，或每公顷 150 人，且最大可扩展至 500 000 名居民。虽然绿地、游乐场、带状公园穿插在居住区与工业区之间，将两者隔离开来，但方案并没有限定更多的细节。城市边缘距城市中心的距离不超过 3 千米，即半小时的步行距离。居住区内的街道尽可能窄（5 到 8 米），以避免不必要的资源浪费。主要道路则是为容纳有轨电车和密集的汽车交通而设计的。

按照田园城市的原则，居住区内住宅的高度应尽可能小。商业建筑和行政建筑则最多允许高于住宅一层楼的高度，使得城市之冠可以在无法企及的高度强有力地主宰整座城市。

城市的中心，城市之冠（图 43~49）本身是所有这些建筑物的集合：这些建筑符合共同体的社会兴趣，满足了这种规模城市的艺术和娱乐需求。

四座大型建筑形成了十字形的城市之冠。这些建筑严格朝向太阳的方向，包括歌剧院、剧院、一座大型的人民之家和一大一小两座礼堂。它们的出入口面对着四个不同的方向，以便人群快速疏散。沿各边布置开放式广场，以防紧急情况发生。一个由翼楼环绕的庭园坐落在中心，用于舞台布景、物

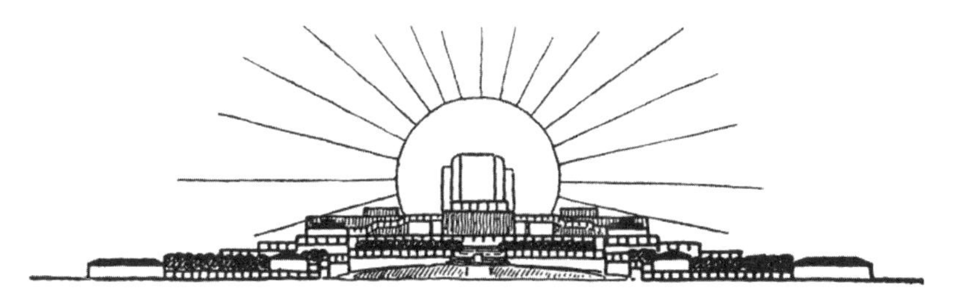

图 43 城市之冠，东立面

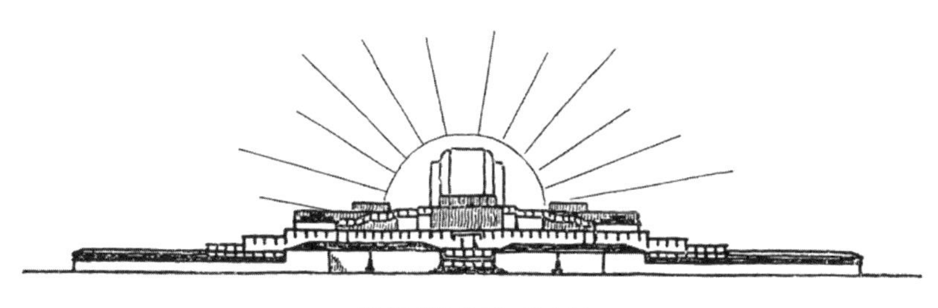

图 44 城市之冠，西立面

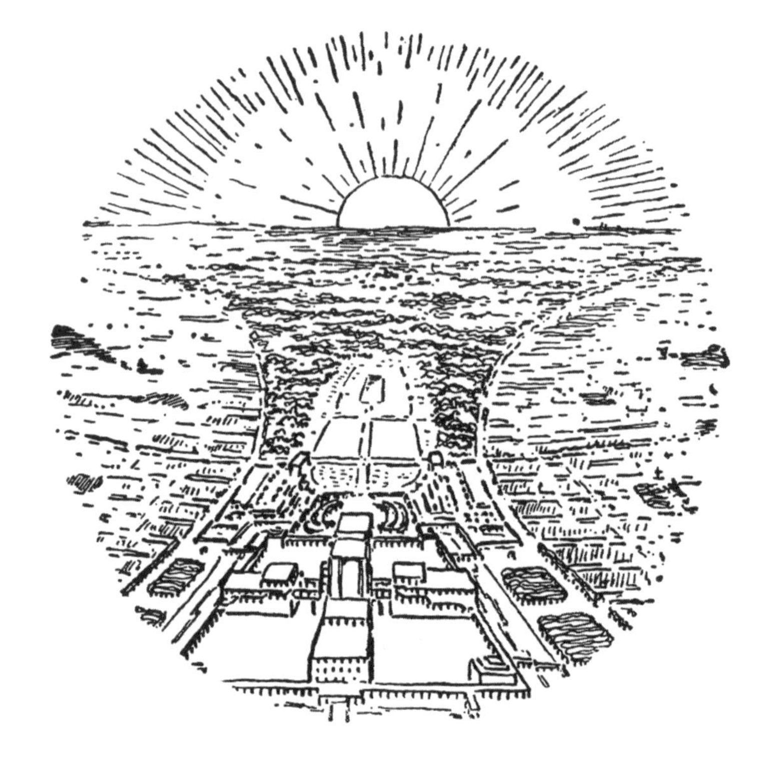

图 45 城市之冠，西向鸟瞰

图 46 城市天际线

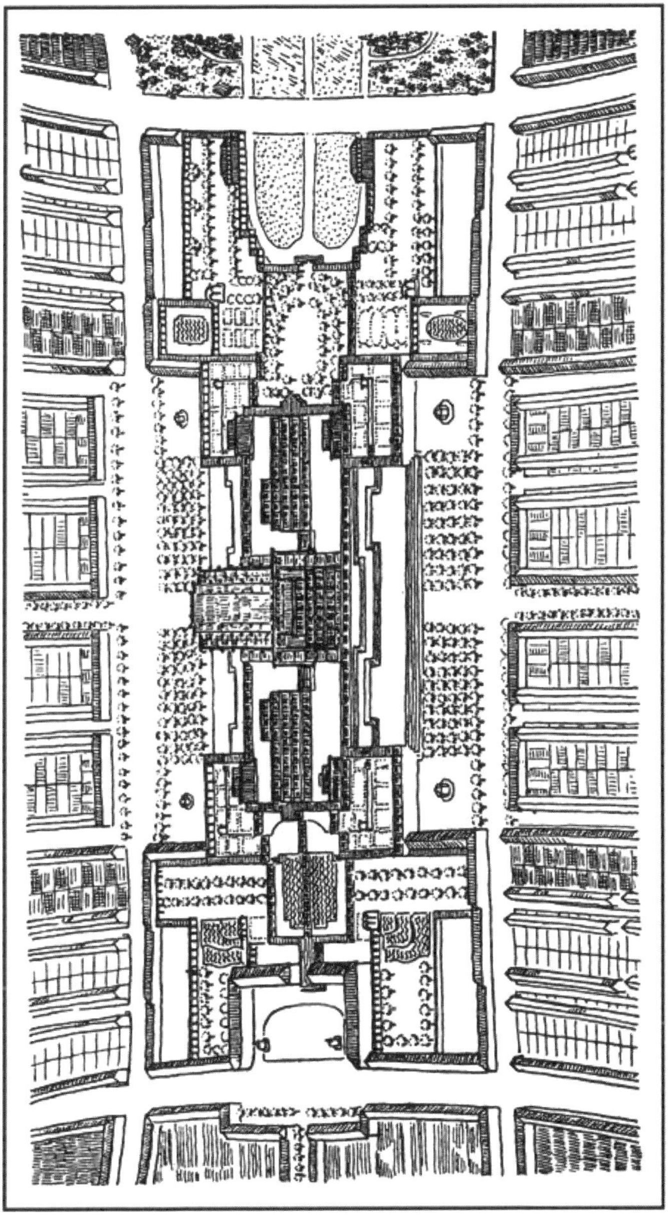

图 47 城市之冠，意向图

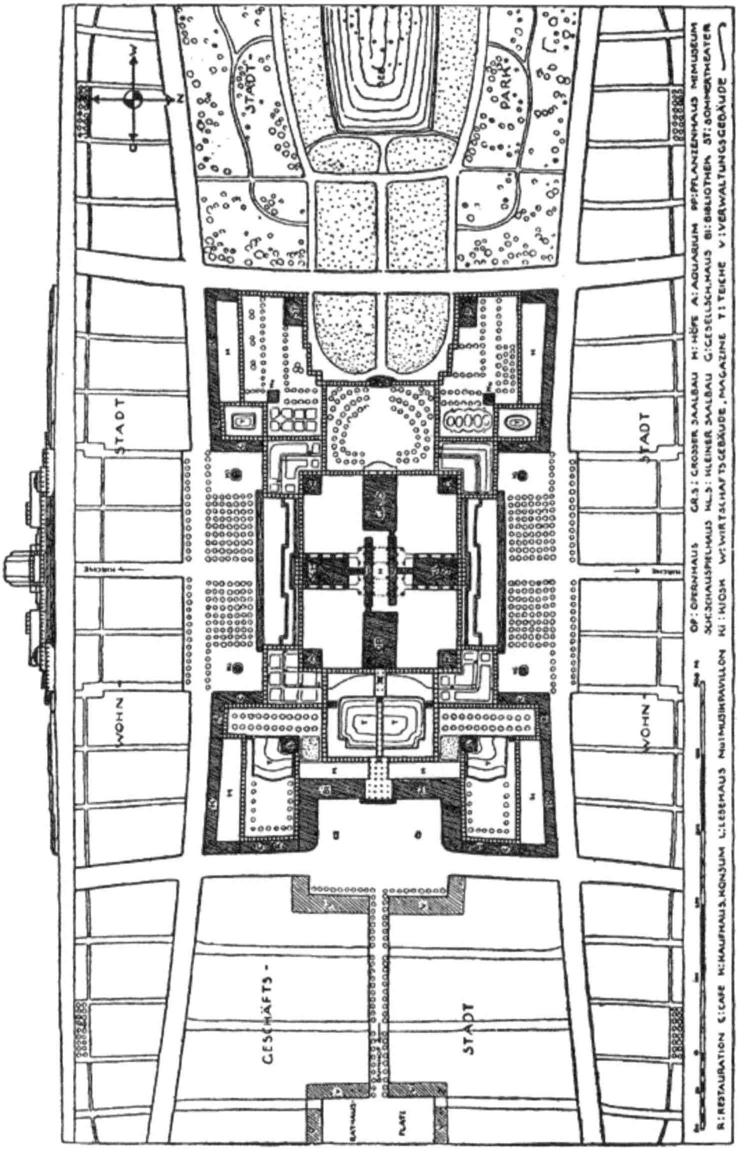

图 48 城市之冠，平面与立面图

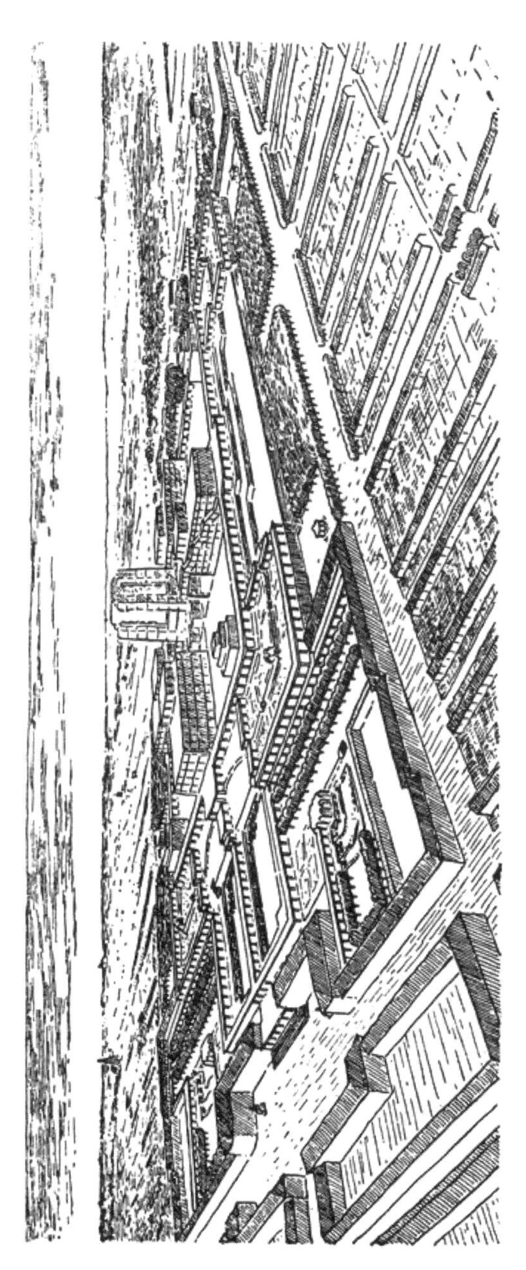

图 49 城市之冠，透视图

资存放，以及用作警卫室等。这些房间被柱廊连接、包围起来。在四个角上，人民之家的左右两侧是带有阶梯花园的礼堂，供举办较小型的、更私密的活动（如婚礼），另外一边则是一个水族馆和一座植物园。柱廊使得整个建筑群可以得到最充分的利用；人们可以在阶梯花园度过一个下午，在音乐会、戏剧或会议中度过一个晚上。

剧院和小礼堂的出入口与室外的大台阶（残疾人坡道没有画出；通往中间装卸平台的通道将经过一条隧道式的车行道）和树阵广场相连，左右两侧的大型建筑是一系列的庭院、拱廊，依位置和用途而各不相同。歌剧院与水族馆、植物园相伴，创造了一种鸟语花香的宁静之美。一列有顶、带楼梯的柱廊将一个同样被拱廊环绕的池塘与停车场连接起来，作为一个艺术之夜的庄严结尾或开端。博物馆和中央图书馆带有室外庭院，两层楼高的庄重建筑规模不是太大。与今天博物馆中的过度展示不同，在新城市的博物馆中不会出现一大堆古老的或新奇的东西。

鲜活的艺术根本无须囤积；它们不应该在博物馆中苟延残喘，而是应该成为整体不可或缺的重要组成部分。

两个阅览室通过柱廊与博物馆和图书馆相连，坐落在跌级水池旁的花园内，花园旁有咖啡馆和餐馆。最外围的角落应设有依据社会经济准则运作的零售店和百货商店。与餐馆和咖啡馆类似，商店只有一层楼高，这样一来便逐渐过渡到了民用的住宅。每家商店都有专用的装卸平台。

城市之冠中心区域西部的两个角落是相通的，但根据其不同的用途，其中的前院和花园与东面的不同。大礼堂或人民之家的正前方是一圈围合的拱廊，中间种有树木，形成了一个供公众集会的广场。

演讲者可以在外部楼梯前的讲台上指挥露天集会，人们则可以聚集在一个大斜坡草坪上。跨过马路，草坪延续至城市公园内，一直延伸到有喷泉的湖边。草坪的左右两边是夏日剧场和花园餐厅。除此之外，公园内还可增加与哥本哈根趣伏里公园[1]风格类似的娱乐设施。

整座城市的重要性由上至下降低，类似于人们通过倾向和性格来区分彼此的方式。建筑成了人类社会分层的实体化意象。整座城市对所有人开放，每个人依心而行。不再有冲突，因为志同道合的人总能找到彼此。

城市之冠较高的部分看起来是十字架的象征性表达，这个十字架由四座大型建筑的体块组成。人民对共同体的向往在宏伟建筑的顶端得以实现。戏剧和音乐为团结的人民提供内在动力，他们在日常生活中渴望的动力。他们在人民之家相聚，感受作为人类给予彼此的付出。这一切将群体本能、共同体的原始力量表现到了极致。

在这样的位置和布置下，所有的建筑于内于外都必须成为这种独特生活方式中的有机组成部分。在剧院中，舞台与座席、演员与观众之间的隔阂不再存在。戏剧给观众带来的享受不再是购买的商品，在没有买票之前只能藏在“铁幕”[2]后。幕布不再是隔离；它是一个有意义的艺术媒介，一个环绕

---

1 趣伏里公园（Tivoli Gardens），是一座位于丹麦哥本哈根的主题公园，开放于 1843 年 8 月 15 日，是世界上还在运营的第二古老的主题公园，除了游乐设施之外，公园中还建有东方风格的园林建筑。

2 铁幕（德语：Eiserner Vorhang），即舞台防火幕，是一种用于镜框式舞台剧场中的金属屏障，设置在舞台台口内侧，发生火灾时可将舞台与观众厅隔离开来。

着演员和观众的装饰带。剧院依据人的尺度建造和装饰，舞台和剧院空间之间有着欢快的光影、色彩对比，创造了一个戏剧体验的环境。在这里没有一堵墙是空白的。这种独特的相互作用在建筑中产生共鸣，使其中的每一个人都活跃起来，从舞台发散至剧院，再从走廊、门厅发散至外面的建筑。

人民之家同样表现了人类共同体的和谐氛围。在其中，精神和灵魂应得到升华，以将美赋予整体。大大小小的厅堂用于聚会、讲座、音乐会、派对，用作礼堂、图书馆、阅览室、娱乐室和游戏室。走廊和人民之家的每一部分都展示了平易近人的建筑设计，它完全基于这一大型共同体，雕塑和绘画装饰使其浑然一体。这一设计超越了日常的局限，即所谓的“常规”。它自由灵动，同时又在精神上紧密相连。

由四大建筑组成的十字形布局是整个建筑群的顶冠。然而，建筑群本身还不能被称为城市之冠。它只是更崇高建筑的基础，这一纯粹的建筑完全脱离了用途，统领着一切。它是一座由玻璃建造的水晶屋。玻璃这种建筑材料具有透明、反光的特点，因此超越了普通的物质。一组钢筋混凝土的结构将水晶屋架于四大建筑的体块之上，并形成了它的框架。框架中的菱形玻璃填充物和彩色玻璃马赛克折射出的五光十色的光线，洒在玻璃建筑中。整个房子只有一个美妙的空间，可以从游戏室和小礼堂的左右两侧通过楼梯和连廊到达。但一个只能被实际建造出来的东西，该如何抽象地描述？当充足的阳光射入高处的空间，折射出的无数美丽的光线，或是当落日余晖洒在了上端的穹顶，红色的光让玻璃图像和雕塑作品的色彩变得更加鲜艳，所有深切而美妙的感受都会在此被唤醒。在这里，建筑再次与雕塑和绘画完美地结合在一起。这将是一件完整的作品，其中建筑师将为整体贡献他的设计理念；画家将绘制源于现实却高于现实的玻璃画；雕塑家的艺术品将是整体不可分割的组成部分。如此一来，所有的艺术都合为一体。一切都成为伟大建筑艺术的一部分；对创造的崇高渴望充分发挥了所有艺术家的才能，并促使他们追求极致的表达。宇宙的超验思想反映在画家的用色上，形成了“世界地带”[1]，新的雕塑形式装饰了所有的建筑构架元素、场景、连接件、支撑件、托架等。它展现了雕塑可以不只是由石块雕成的形象。雕塑应复兴，向世人展现其丧失已久的丰富内涵。整个形式的世界都摆脱了现实主义的魔咒。波涛、云朵、山峦，所有的元素和生物都引领着艺术家的灵魂，远远超出了过去具象主义和写实主义的限制，这一切将再次出现并闪耀于所有的色彩和材料上，在空间的每一部分的金属、宝石、玻璃之上，任何有光影变幻衬托之处。这个空间不是由光滑的墙壁围合而成的，而是韵律丰富而完美的和谐之屋。纯净的美妙音乐从高侧廊中传出，与视觉艺术一样，它已经脱离了世俗，只为最崇高的理念服务。

被注入阳光的水晶屋像一颗闪耀的钻石，在高处统领着整座城市，象征着精神上至高无上的宁静与平和。在其空间内，一位孤独的漫游者将发现建造艺术的纯粹恩典。当他沿台阶登上高处的平台时，他可以俯瞰脚下的城市，眺望远处的日出日落。朝着太阳的方向，城市与城市之心受到了强烈的指引。

“光想要穿透整个宇宙，并在水晶中获得生命”[2]。光从无穷远处来，

---

1 世界地带（德语：Weltgegenden），该概念最初源于航海，指为表示风向将地球表面等分后的各部分。

2 此处原书注释为“Spruch Scheerbarts am Glashause zu Köln 1914”，指的是谢尔巴特在陶特 1914 年设计完成的玻璃馆（Glashaus）中所提的诗句。

被捕捉在城市的最高点，在水晶屋的彩色玻璃板、边缘、表面、凹进中折射并闪耀。这间房子成了宇宙意识的载体，一种无声的虔诚信仰。它并不是孤立的，而是由服务于人民高尚情感的建筑所支撑。这些建筑与前院中世俗机制的区分更加明显：现实与活力围绕着水晶屋，就像曾经教堂前的集市。纯净、超验之物的光彩闪耀于流光溢彩之上。就像一片颜色的海洋，城市散落在城市之冠周围，象征着新生活的美好。

终极之物总是静谧而空灵的。埃克哈特大师[1]曾说过："我从不祈求上帝为我牺牲；我祈求他把我变得空灵而纯粹。因为如果我变得空灵且纯粹，那么依照上帝的本性，他就会为我牺牲并由我心生。"教堂是所有这样祈祷的灵魂的容器；它总是如此空灵而纯粹——"没有生气"。建筑的终极目标是静谧并完全脱离日常的窠臼。在这里，实际需求这一层面变得不再重要，如教堂的塔楼。与另外一种"不实用"的中殿类似，相比于许多源于更高目标的结构，钟塔与这座水晶屋的意义相距甚远。

除此之外，其他的一切都基于已知且可靠的根据。当城市刚刚创建时，土地保持空置的状态；随着城市的发展扩张，必要的部分将依据设定好的方案相继建设，直到实现最终的目标。它的建设可能需要历经几代人，新的手段可以在推进过程中被发现，这种速度与需求之间的对应也将造就风格的和谐。可以有许多建筑师来建设这座城市，但只有他们致力于更大的计划才能取得成功。合作中就蕴含着美，无须知道将是哪一位被上天眷顾的布鲁内莱

---

1 埃克哈特大师（Meister Eckhart，约 1260—1328 年），德国神学家、哲学家和神秘主义者。在神学上他主张上帝与万物融合，人为万物之灵，人性是神性的闪光，人不仅能与万物合一，还能与上帝合一。其思想是德国新教、浪漫主义、唯心主义、存在主义的先驱。

斯基[1]创造出最崇高的城市之冠!

这个设计中的建筑形式只是一个示意。如果已经知道了我们的目标为何，对于建筑师来说风格就不再是问题。城市之冠方案本身可能会受到质疑。也许因为一些正当的理由，城市之冠的实现方式会变得截然不同。即便如此，只要建筑师做一点微小的工作，来启发这个方向上的探索，那就已经足够了。这项工作最好成为一面旗帜、一种理念，或是一个理论建议，其最终的实现则蕴含着千万种可能。

1 菲利波・布鲁内莱斯基（Filippo Brunelleschi，1377—1446 年），意大利文艺复兴早期著名建筑师、工程师，其最重要的作品是位于佛罗伦萨的圣母百花大教堂（Cattedrale di Santa Maria del Fiore）的穹顶（建于 1419—1436 年）。

城市之冠的经济成本

城市之冠的实施成本大致如下。

A. 建造成本

1. 水晶屋……1500 万马克
2. 歌剧院……600 万马克
3. 大型人民之家……400 万马克
4. 剧院……400 万马克
5. 小型人民之家……200 万马克
6. 仓库等，供 1~5 使用……50 万马克
7. 礼堂，2 × 10……20 万马克
8. 水族馆和植物园……20 万马克
9. 1~8 的柱廊、庭院和花园中的台阶……100 万马克
10. 图书馆……100 万马克
11. 博物馆……100 万马克
12. 阅览室……10 万马克
13. 夏日剧场……50 万马克
14. 夏日餐厅……30 万马克
15. 音乐亭、凉亭……3 万马克
16. 餐馆、咖啡馆，4 × 20+2 × 10……100 万马克
17. 零售店等，4 × 20……80 万马克
18. 不可预见费……37 万马克

合计 3800 万马克

B. 挖方、平整、排水、给水

和园林建设，约按 20% 计……………………………………700 万马克

实施成本（A+B）……………………………………………4500 万马克

（总计）

水晶屋的建造成本并不表明美丽将通过昂贵的材料来实现。不管是在时间上还是在金钱上，这项任务都需要艺术家全身心的投入，以上的数值只是为之提供了一个大致的范围。这些数值基本上是无法预测的。今天谁会为斯特拉斯堡大教堂的建造计算出一个固定的金额！另外，类似集市大厅、火车站等公共事业建筑，还有办公楼、澡堂、学校、市政厅，在建造时都将不再像今天那样强调建筑外观。这样一来建筑的重要性等级将显而易见，最崇高的美将得到至高无上的显现。

整个被称为“城市之冠”的建筑群的建设费用不应由城市一次性支出。必要的建筑将根据城市的发展及由此产生的需求来建设，与此同时各个建设阶段都可以展现完整的建筑形象。费用大致划分如下。

第 1 阶段：人口约 30 000 人

16 和 17. 零售店、餐馆等，第一部分……………………90 万马克

13. 夏日剧场……………………………………………………50 万马克

14. 夏日餐厅……………………………………………………30 万马克

其他，按 25% 计………………………………………………40 万马克

合计　210 万马克

第 2 阶段：约 100 000 居民

16 和 17. 零售店、餐馆等，第二部分 ……………………90 万马克

5. 小型人民之家 ……………………………………200 万马克

4. 剧院 …………………………………………400 万马克

7 和 8. 水族馆、植物园和礼堂 ………………………40 万马克

其他，按 25% 计 …………………………………200 万马克

合计 930 万马克

210 万马克 +930 万马克 =1140 万马克

第 3 阶段：约 250 000 居民

10. 图书馆 ………………………………………100 万马克

11. 博物馆 ………………………………………100 万马克

2. 歌剧院 ………………………………………600 万马克

3. 大型人民之家 …………………………………400 万马克

9. 柱廊等 ………………………………………100 万马克

6. 12、15 和 18. 附属建筑、仓库等 …………………150 万马克

其他，按 25% 计 …………………………………360 万马克

合计 1810 万马克

1140 万马克 +1810 万马克 =2950 万马克

第 4 阶段：300 000 或更多居民

1. 水晶屋 ………………………………………1500 万马克

其他 …………………………………………50 万马克

合计 1550 万马克

2950 万马克 +1550 万马克 =4500 万马克

“城市之冠”用地的规模为 500 米 ×800 米 =400 000 平方米（或 40 公顷），不包括在以上计算内。根据公共利益至上的原则，在城市建立之初就可以预测出城市发展所需的面积——在这个方案中为 38.5 平方千米——新的市政府将拥有这些土地，并逐步将农业用地转变为建设用地。除非受到利率的影响，中心区域的建设用地不会增值。

建立一座新城市的原因，无论是工业的聚集、靠近有利的贸易位置、特殊机构的设立，还是农作物的销售和贸易，抑或是结合了以上这些和其他的因素，在此都不再适用。反而当地与主要铁路、港口、河流等相关的条件，将会成为决定性因素。在任何情况下，当代大都市的经济崩溃（由于无计划的发展）加上土地投机和飞涨的土地价格，必将导致新的大城市建立在未开发的土地上。同样可以肯定的是，这些城市不仅在结构上根据新的认知进行构建，其内部的公共组织也需要建立在非营利的慈善原则之上。它们将成为社会信仰最清晰的表达，而它们城市之冠的形象将如同社会阶层的金字塔，成为所有现实社会运作的一个象征性的明确理想。

显然在这样的城市形态下，中央建筑群的各项开销都将更低，市民也更容易承受。这不仅是因为剧院、人民之家等建筑的合并，也因为将这些设施布置在一个地点比起分散在城市中大大节约了维护费用。根据大量的相关文献，新城市中的非营利性机构将会极大地降低道路建设和其他所有造成市民负担的费用，与今天的城市相比，城市之冠创造的盈余将远远大于它的开支。相比起来，可以说今天的城市相形见绌，即使是“无用”、昂贵的水晶屋也不会给这一共同体带来税收负担。

为城市加冠的近期尝试

结　语

本方案的意义和目的不在于呈现一个事无巨细的设计，而是为了鼓励并有效促进现有城市的发展和转型，其中讨论的也并不是非常新的城市。

即使面对妥协的压力，“明确地赋予独立的城市区块以结构”这一追求也应被摆在第一位。当然，最终的目的是要创造一种全新的城市，而且这个目标也许并不像人们想的那样遥远。与威廉港[1]附近的吕斯特林根[2]相反，莱茵费尔登[3]市区的形成就是一座城市无序快速生长的例子。不管新城是位于莱茵兰[4]、威斯特法伦[5]的工业区，还是位于易北河流域及类似地区，其经公开讨论的建设提案都体现了这一追求[6]。

因此，有必要对现有条件下与城市之冠建造相关的主要趋势进行概述。

---

1 威廉港（Wilhelmshaven），德国北部沿海港口城市。

2 吕斯特林根（Rüstringen），原为隶属于德国城市奥尔登堡的新市镇，创建于 1911 年。后在 1937 年与威廉港合并，新成立城市依然被命名为威廉港。

3 莱茵费尔登（Rheinfelden），瑞士北部市镇，名字的意思是莱茵河的流域。处于莱茵河上游，与德国隔莱茵河相望。

4 莱茵兰（Rhineland），指德国西部莱茵河两岸的土地。

5 威斯特法伦（Westfalen），是以德国多特蒙德、明斯特、奥斯纳布鲁克等都市为中心的地域，位于莱茵河和威悉河之间。

6 此处原书注释为：Die starke von Hans Kampffmeyer ausgegangene Bewegung zur Gründung einer “Friedensstadt” gibt Hoffnung auf eine nicht zu ferne Erfüllung unserer Wünsche（汉斯 • 康普迈耶发起的建立“和平之城”的轰轰烈烈的运动，给予我们在不远的将来实现愿望的希望）。汉斯 • 康普迈耶（Hans Kampffmeyer，1876—1932 年），德国田园城市运动的发起人，主导了卡尔斯鲁厄的田园城市住区的建设。

在 18 世纪绝对君权鼎盛时期，君权主导建设的住宅使城镇居民定居在“建筑恩典”之下，并自命不凡地将城堡置于新城市的中心（图 50）。在卡尔斯鲁厄[1]，教堂与市政厅面对面地遥相呼应，两者具有同样的体量和塔楼。但与古老的城镇相比，并不能说这是同一种伟大思想的体现，即“启蒙”思想。

图 50 卡尔斯鲁厄，城市平面图

19 世纪前半期，从申克尔[2]的浪漫主义学派开始，上述尝试得到了进一步发展（图 51）。历史上类似方向的设计还有基利[3]位于柏林莱比锡广场的腓特烈大帝纪念宫（图 52）。尽管设计方案本身极具美感，但它也为后来纪念性建筑的泛滥埋下了种子。

1 卡尔斯鲁厄（Karlsruhe），德国西南部城市。

2 卡尔·弗里德里希·申克尔，普鲁士建筑师、城市规划师、画家。德国古典主义的代表人物，师从弗里德里希·基利。其设计理念影响深远，其弟子等一批在柏林工作的建筑师被称为申克尔学派。

3 弗里德里希·基利（Friedrich Gilly, 1772—1880 年），德国建筑师，对申克尔古典主义风格的形成影响甚深。

图 51 申克尔设计的纪念教堂

图 52 基利设计的腓特烈大帝纪念宫，位于柏林的莱比锡广场

接着出现的便是混乱，随之而来的还有城市建设中极端的鲁莽和盲目。直到 19 世纪 90 年代，“城市规划”理论开始发展，对目标和城市之冠的追求才逐渐出现。在此，我将埃比尼泽·霍华德的开创性著作《明日的田园城市》[1] 中的城市中心示意图（图 53）与中国城市曲阜的平面图（图 54）放在一起对比，来展示这一追求是如何以纯理性的方式体现的。田园城市莱奇沃思的城市中心展现了教堂与市政厅之间的联系（图 55）。曲阜孔庙的整片宏大区域则表现了一种振奋人心的伟大理念（图 56），我们消散的理性主义只能谦卑地拜倒。但田园城市的思想不仅仅是一种理智的产物，它源于对幸福的渴望，并引领我们向这一目标迈进。

斯图加特附近的克莱因霍恩海姆[2] 的规划平面图（图 57）可以作为一个例子：即使是以日常乡村住宅的建筑类型呈现，也有可能创造一个作为活

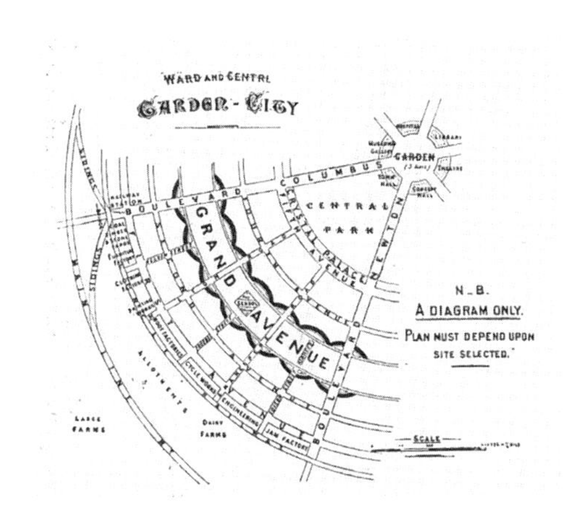

图 53 霍华德的规划示意图

---

1 《明日的田园城市》（*Garden Cities of To-morrow*，1898 年）的德文译本 *Gartenstädte in Sicht* 出版于 1907 年，与 1919 年出版的《城市之冠》为同一出版商。

2 克莱因霍恩海姆（Kleinhohenheim），斯图加特南部比尔卡赫（Birkach）自治市内的一个住区。

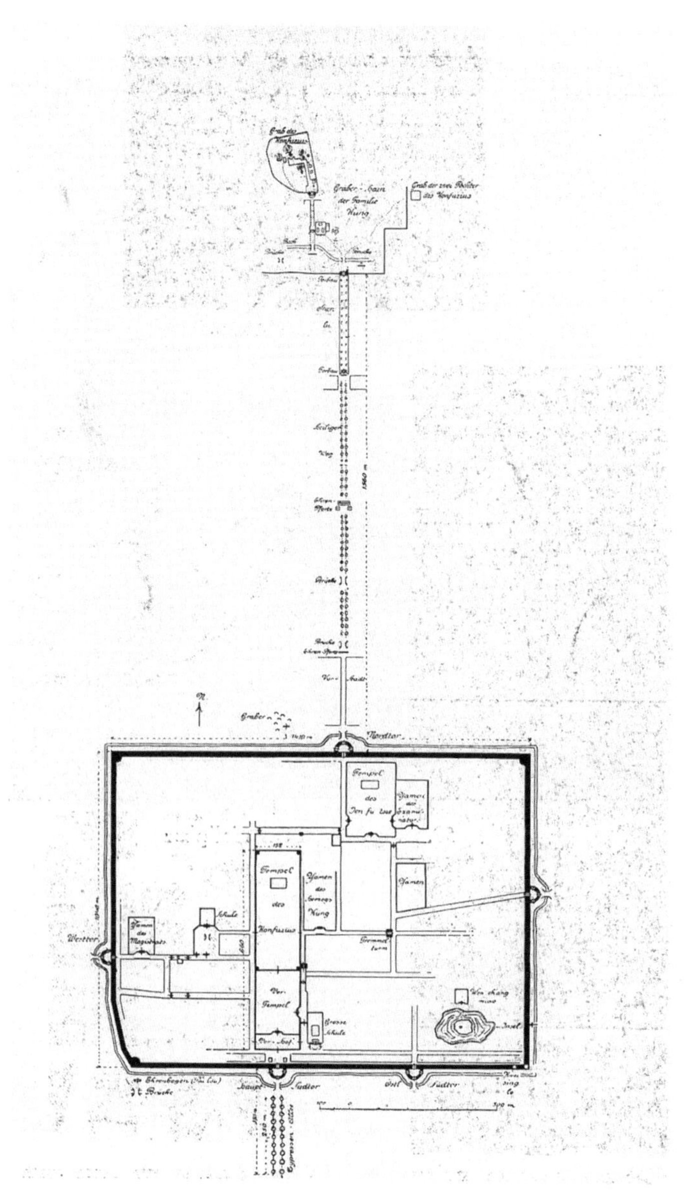

Grab des Konfuzius
Gräber-Hain der Familie Kung
Grab der zwei Töchter des Konfuzius
Vorbau
Ehrenpforte
Brücke
Vor-Stadt
N.
Gräber
1410 m
Nordtor
Tempel des
Yamen
Tempel des Konfuzius
Yamen des Herzogs Kung
Yamen
Schule
Yamen des Magistrats
Westtor
Trommelturm
Vor-Tempel
Vor-Hof
Grosse Schule
Insel
Ehrenbogen
Brücke
Haupt Südtor
Ost Südtor
Cypressen-Allee
500 m

图 54 曲阜城平面图

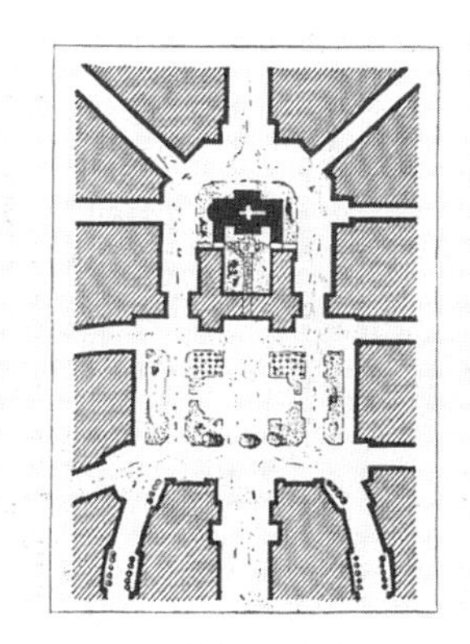

图 55 莱奇沃思市中心

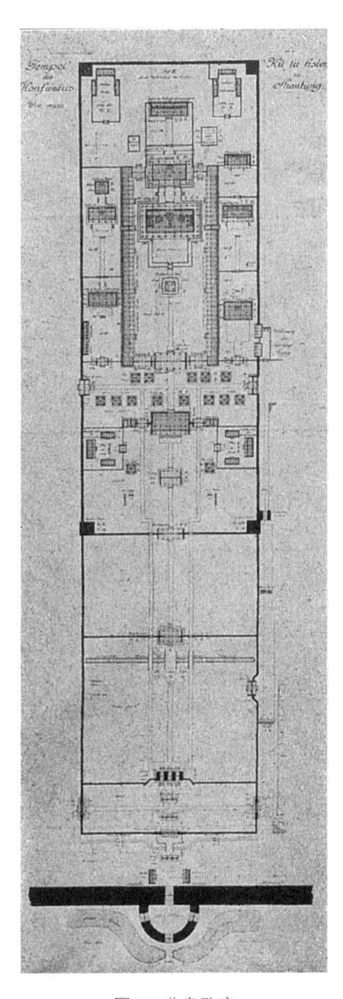

图 56 曲阜孔庙

动中心的城市之冠。

为了赋予一度无序的大都市以有序的城市意象，设计师在这个方案中做了艰苦的努力，同时也给了沉闷的廉租公寓住区一丝人文精神的气息。为了给类似的努力献计献策，1910 年的“大柏林竞赛”[1] 中涌现出许多方案，而这些方案本应尽可能地保留柏林作为帝国首都的城市形象。其中最引人注目的是布

1 大柏林竞赛（Groß-Berliner Wettbewerb），1910 年举行的大柏林规划国际竞赛，同时举办了城市设计展，被视为现代城市设计学科建立的重要宣言（城市设计的学科概念本身就源于 19 世纪末的德国和奥地利）。

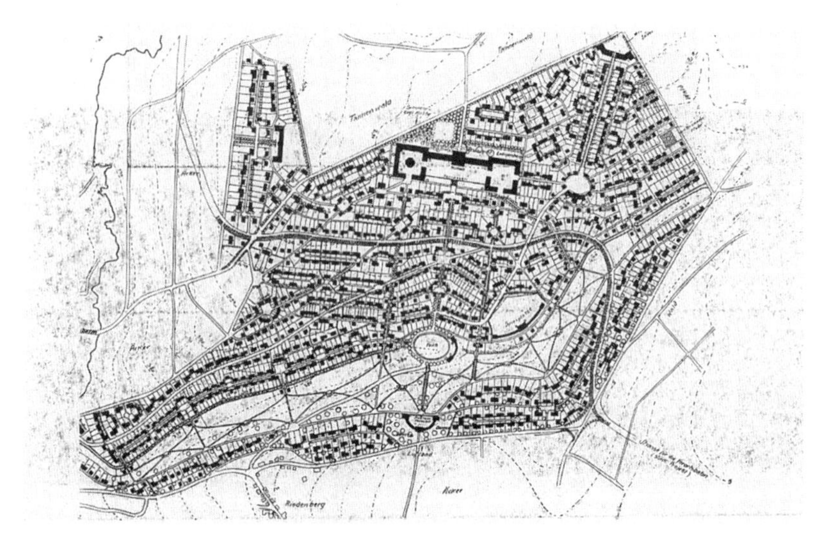

图 57 克莱因霍恩海姆设计方案

鲁诺 • 施密茨[1] 作品中以尖塔作为构成元素的设计倾向，但这只是刻意追求自我突破与纪念性的结果。方案缺少内在的思想，以至于只停留在单纯的形式层面。圣保罗大教堂为伦敦加冠是多么崇高动人。按照城市创造者的意愿，大教堂曾耸立于整座城市之上（图 58），而直至今日它仍有着巨大的影响：在教堂地下室中，穹顶中心的正下方摆放着被抬高的纳尔逊勋爵[2] 的石棺，在其之上，有着巨大穹顶的大教堂仍统领着今日的城市天际线。类似的英雄崇拜的认识在中国文化的悠久传统中也被很好地传承下来。

1 布鲁诺 • 施密茨（Bruno Schmitz, 1858—1916 年），德国折中主义建筑师，以其设计的大尺度纪念性建筑而闻名。

2 纳尔逊勋爵（Horatio Nelson, 1758—1805 年），英国著名海军将领及军事家，在 1798 年尼罗河战役及 1801 年哥本哈根战役等重大战役中带领皇家海军胜出。他在 1805 年的特拉法尔加战役中击溃法国及西班牙组成的联合舰队，迫使拿破仑彻底放弃从海上进攻英国本土的计划，但自己在战事进行期间中弹阵亡。

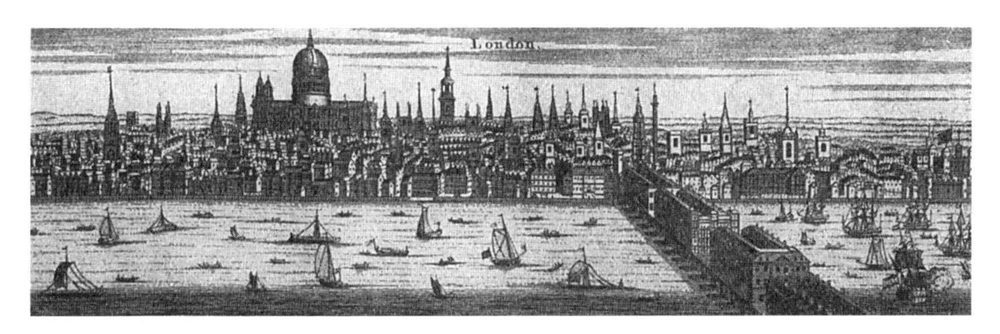

图 58 伦敦[1]

在维也纳，虽然奥托·瓦格纳[2]努力为公寓楼组成的城市带来秩序与特色，也造就了不错的作品，但其设计也受到了以下因素的影响：为了创造有表现力的韵律，某些元素夹杂在整体之中，而独立的、设计精美的建筑无法与由公寓楼组成的街区相衔接（图 59）。这与美国人的尝试有着相似之处。

在美国，人们可能已经清楚地认识到了城市之冠的必要性。一场大规模的运动早已开始，并将在天际线上创造城市中心作为其目标。芝加哥城市俱乐部[3]发起了城市外围次中心的设计竞赛。弗雷德里克·豪[4]的陈述代表了美国人对于这一问题的见解。

---

1 伦敦（London），英国首都。图中最高的圆顶建筑为圣保罗大教堂（St Paul's Cathedral，建于 17 世纪）。圣保罗大教堂为世界文化遗产，是巴洛克建筑的代表，其高度为 111 米，从建成至 1967 年的 300 多年间一直是伦敦最高的建筑。

2 奥托·瓦格纳（Otto Wagner, 1841—1918 年），奥地利建筑师、城市规划师。他的大量建筑作品改变了其家乡维也纳的城市风貌，同时他也是“维也纳分离派”的代表人物之一。

3 芝加哥城市俱乐部（City Club of Chicago），成立于 1903 年的无党派非营利组织，是芝加哥历史最悠久的公共政策论坛，旨在为芝加哥培养公民责任，推动公共事务，为公开政治辩论提供论坛。

4 弗雷德里克·豪（Frederic C. Howe, 1867—1940 年），美国俄亥俄州共和党参议员。

图 59 维也纳市第二十二区

历史上有三个主要时期，其间的城市发展启发了人们的思想和梦想：安敦尼王朝，在此期间罗马人热衷投身于城市的美化；中世纪的意大利、法国、德国、荷兰城镇，其中的纪念性建筑表现了新兴的自由的中产阶级对城镇不断增长的热爱与自豪感。如今在20世纪，德国人则通过永恒性和艺术成就中所具有的相同意义，在纪念性建筑中展现着他们对于祖国的自豪感及权力意识。

在一篇关于“城市设计”的文献综述中，科尼利厄斯·古利特[1]将美国的尝试描述如下。

首先，美国有一些极具指导意义的书籍，其目标是为城市提供

1 科尼利厄斯·古利特（Cornelius Gurlitt, 1850—1938 年），德国建筑师、艺术史学家。

一个规范化的建筑行业。它们常常试图创造一个市民中心，这就意味着要为之设计一个宏大的广场和道路系统，并在其中运用上所有的艺术媒介。在这种艺术手法中，尺寸是最重要的因素：100 米宽的街道被 12 层楼高的房屋围绕，在中间则是一座巨大的议会大厦或市政大楼。但在其中很难找到对土地征用、道路建设、公共建筑建设费用的明确计算，而对于这些费用该如何由纳税人分担更是鲜少提及。对未来的力量充满希望，使得方案越宏大越受欢迎。美国人为了彰显他们的过人之处，各种城市规划委员会并不避讳与欧洲的大城市作比较。如在一篇罗彻斯特的报告中所提到的，"著名的企业精神与高度的市民自豪感，让我们对城市的未来寄予厚望"。

如何将类似的尝试付诸实施，可以在 1916 年 4 月 21 日的社区中心营造全国大会纽约城市规划委员会顾问乔治・福特[1]的谈话中找到依据："将不同的建筑和开放空间以协作的方式组合在一起，这是不够的。我们还需要美——线条美、形式美、色彩美、比例美、体块美、构成美。有精神追求之人渴望美。"他还说了这样一段话。

我们的支路网很少有节点。我们的规划图常常类似于单调的网格，没有变化或重点——如果允许我们在这种规划上发挥想象，尝试不同的可能性，未来城市规划的愿景将逐渐展现；一座城市由许多互相交织的区域组成，在每个区域内部都可以充分满足日常生

---

1 乔治・福特（George B. Ford, 1979—1930 年），美国建筑师、城市规划师。他创立了美国第一家私人城市规划咨询公司，并曾参与起草美国第一部综合的区划条例：1916 年颁布的纽约市区划条例（1916 Zoning Resolution）。

活的需要，如有额外的需求则可以跨越区域。如此一来，许多地方的高中、中央图书馆、剧场、大讲堂、音乐厅、军械库、大型游乐场地都可以整合在一个组团中心中。整座城市的社区组团则会包括大学、艺术品馆藏、为病人和穷人设立的福利机构。最后，全市的最高点，则是立法、行政、司法的组团——这样区域中心将十分有助于促进对公共利益的认知。只要人们有了这样的社区意识，他们就能更好地领会邻近区域间各种互动的真正意义和重要性。直到有一天，一个美好的愿景，宏伟的全景将展现在他们眼前，他们将感受到“城市”所有的荣光与美丽。

这些话语完全是我们也在寻找的方向。其中最不同寻常的是体现公民自豪感这一倾向，这种自豪感特别符合为自己年轻而兴旺的国家感到骄傲的美国人。纽约新市政大楼就是实践这一想法的一个实例（图 60）。它在城市景观中脱颖而出，以在摩天大楼之中彰显自身的地位。但如果你观察纽约的城市景观（图 61），就会发现其中的市政大楼并没有比宏伟的奥格斯堡市政厅更加雄伟（图 62），而奥格斯堡市政厅在真正的城市之冠圣乌尔里希教堂（图 63）面前也始终处于次要地位。上文中弗雷德里克•豪对古代城镇中市民自豪感的高度赞扬似乎基于一种误判：究竟什么才能作为至高思想的至高表现，真正冠于城市之上。

正如由芝加哥建筑师瓦尔特•格里芬[1]设计的澳大利亚联邦首都规划（图 64），新型的美国城市规划将议会大厦、政府建筑群作为城市的制高点。而

1 瓦尔特•格里芬（Walter Burley Griffin, 1876—1937 年），美国建筑师、景观设计师。他在 1911 年参加了由澳大利亚政府举办的国际竞赛，并被选中主导澳大利亚首都堪培拉的设计。

图 60 纽约市政大楼

图 61 纽约，城市天际线

图 62 奥格斯堡，埃利亚斯·霍尔广场[1]

1 埃利亚斯·霍尔广场（Elias-Holl-Platz），德国城市奥格斯堡（Augsburg）市政厅后的广场，以市政厅的设计者、著名的文艺复兴建筑师埃利亚斯·霍尔（Elias Holl）的名字命名。

图 63 奥格斯堡，圣乌尔里希教堂[1]

教堂只在其中扮演非常微不足道的角色。这些规划归根到底是一种鲜明的理性主义的产物，一种对于创造纪录的迷恋，即使设计得再美丽也经不起时间的考验。就算是华盛顿精致的国会大厦（图 65），作为美国这一伟大国家的最高权力机关，它体现了国家的理念，但也无法与古代教会与国家之间神圣的结合相提并论。当然，美国的国家自豪感并非仅体现在组织与行政结构上；与欧洲相比，美国更是一个庇护与自由的象征。但其规划仍不具备任何宗教上的重要意义；即便这样的规划像别处的一样服务于民，我们也不想将

1 圣乌尔里希教堂（Ulrichskirche），位于德国南部城市奥格斯堡（Augsburg），是德国具有代表性的哥特式建筑之一，其高耸的带有“洋葱式圆顶”的钟楼成为巴伐利亚地区（Bavaria）众多巴洛克式（Baroque）钟楼的原型。

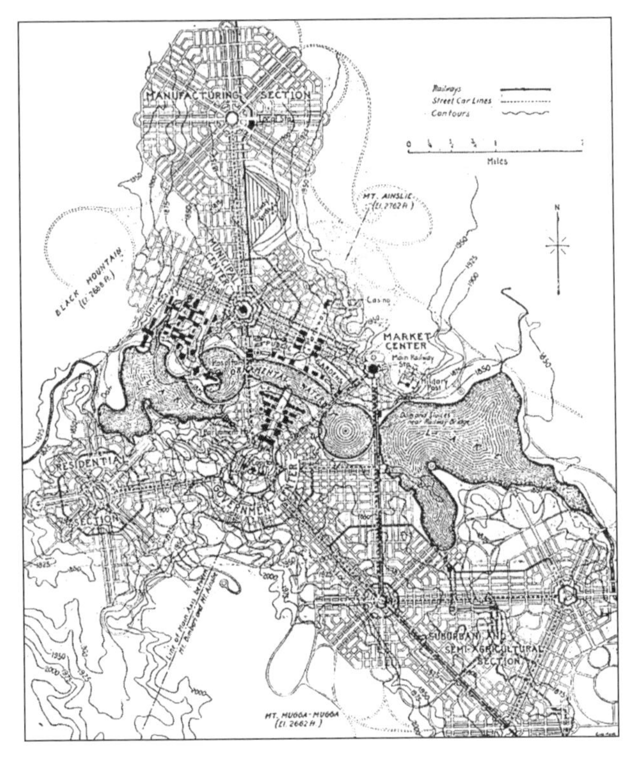

图 64 澳大利亚联邦首都规划

其作为由所有人的最终念想、渴望与信念转化而成的建筑的承载物。创造一个主导城市的巨大结构，其中却只有办公空间和会议室，这种做法是荒谬的，即使它也许会对市民的福利有极大的影响。“不止于公民，意味着成为人”（罗伯特 • 赛奇克[1]）。国家永远只是共同体的大脑，它的心一定在别处。与之相同的还有布鲁塞尔司法宫（图 66），其建筑本身引人注目，但这种引人注目更多是负面意义上的。与之形成对比，位于柏林的德国外交部朴素

1 罗伯特 • 赛奇克（Robert Saitschick, 1868—1965 年），俄裔瑞士文学史学家、哲学家。

图 65 华盛顿国会大厦

的单层建筑却是精巧动人（图 67），它体现了这类建筑中形式与内涵的高度一致性。

然而，国家机关的建筑似乎都是为了至高的象征意义而创造的。首先，它与所处的城市环境几乎没有关系。其次，它的性质更多的是代表性而非办公性，其中各阶层人民的代表为了全体的救赎汇聚一堂。可是，为此而建的房子却大多在建筑上表现为一种浮夸的语汇堆砌，仿佛议会的使命在于华而不实的演讲，而不在于良好的法律。令人遗憾的是，我们的德国国会大厦就是这样的例子，尽管它极具历史意义。

图 66 布鲁塞尔司法宫

图 67 位于柏林的德国外交部

图 68 世界首都设计方案

我们必须将其看作是美国人所做的一种探索。看起来似乎美国人也已经开始意识到不可能将理性主义作为唯一的原则。在两位美国人——安德森[1]和埃布拉德[2]设计的“世界中心”[3]的概念中，“世界首都”（图 68）的中心位置是服务于艺术和教育的建筑，其中的最高点则有一座 320 米高的“进步之塔”。“这是一座圆形广场的中心，围绕广场坐落着各种科学馆，并都配有画廊、图书馆、办事处、穹顶、塔楼、柱廊。左右两侧建有国际法庭和宗教殿堂。一座国际银行和一座国际图书馆则使整个建筑群功能齐全。围绕城市的这一宏伟中心布置主干道和居住区；城市的最外圈则是一片有水道相伴的公园区。”这一方案中存在着对思想的建构，其表现形式或许有些

1 亨德里克 • 克里斯蒂安 • 安德森（Hendrik Christian Andersen, 1872—1940 年），挪威裔美国雕塑家、画家、城市规划师。

2 欧内斯特 • 埃布拉德（Ernest Hébrard, 1875—1933 年），法国建筑师、考古学家、城市规划师。陶特在此错误地将其归为美国人。

3 世界中心（World Center），1913 年发表于《世界交流中心的创造》（*Creation of a World Centre of Communication*）一书中的城市设计方案。

夸张，但宣告了一种对纯粹理性的背离。报纸刊登的位于德国与奥地利边界上的同盟城市规划也指向了类似的方向，其城市中心也将符合相关趋势。

最后，作为体现人性崇高的最显著例子，由荷兰人亨德里克·贝尔拉赫[1]设计的一座公共纪念建筑（图69）值得一提。'贝尔拉赫对此有过如下阐述。

> 我在第一次世界大战后构思了这座万神殿，它建造于山丘之上，俯瞰着欧洲中部的平原。八条军用道路从各个方向通向它的大门。道路坐落于塔楼之间。这些塔楼分别象征着爱与勇气、热情与谨慎、科学与力量、自由与和平，像守卫一样把守着万神殿的入口，环绕着一座在夜里光芒万丈的雄伟圆形大厅。塔楼旁是冥想之庭，四周则是纪念在战争中为国捐躯的亡者的长廊。穿过和解长廊，人们进入大厅。大厅中竖立着象征人类团结的纪念碑，环绕在周围的追思侧廊只靠来自穹顶的天光照亮。再往上则是认知之廊，象征着

图69 贝尔拉赫设计的人民纪念宫方案

1 亨德里克·彼得鲁斯·贝尔拉赫（Hendrik Petrus Berlage, 1856—1934年），荷兰建筑师。他被誉为荷兰现代建筑之父，在传统主义和现代主义之间起到了承上启下的作用。

灵魂的升华及其包罗万象的内涵。最后，象征国际共同体的穹顶围合了整个空间。

这是一个以极端形式表现的构想，复杂，但形式很美。不过，其与泛滥的、早应被我们抛弃的纪念建筑没有什么不同。人们不能仅仅靠象征性的命名来装扮建筑。只有通过长期的哲学与宗教实践，这些象征元素才能变成如中国庙宇中的寻常之物（智慧门、解脱门[1]等）。对于我们来说，这种思想与建筑构成元素之间的联系似乎是陌生的，因为我们不知道如何为其正名。毕竟，也许是同样的理性主义土壤孕育了以上的概念性设计。

建筑是一门艺术，并且应是所有艺术的最高形式。它只出自于强烈的感受，也只引发强烈的感受。大脑最多只能起到使其规律化的作用。建筑的精髓只能由心绽放，我们必须，也只能让心说话。

1 此处德语原文为“Tor der Erkenntnis, der Läuterung”，陶特应该指的是佛教及佛教建筑中的概念：三门（山门，三解脱门）。

构　筑[1]

作者：埃里希·巴龙[2]

1 构筑（德语：aufbau），意为构造或建造。

2 埃里希·巴龙（Erich Baron，1881—1933 年），德国犹太裔法学家、新闻工作者、政治人物、德国抵抗纳粹运动战士，在 1933 年的国会纵火案后被捕入狱，随后被迫害致死。

对于顺从的民众，国家这一概念是一个严格的组织架构，它从外部创造、维护和强化了权力结构、统治和职权。社会思想则由内而外地全面影响着国家这一共同体。带着宗教的谦卑，那些自认为是上帝子民的人们则并不信奉这一概念。他们虔诚地投身于践行内心的戒律。这些戒律对于信仰上帝的艺术家不会陌生，但这样的艺术家已不复存在。所有的这些弱势群体、非公职人员都有助于我们以一种非政治或超越政治的方式认识更崇高的公共生活的理念。如同大爱中蕴含了真正的小爱[1]，对于星辰大海的向往是将这个世界建设得更美好的动力和神圣灵感。在朝圣与天命、朝圣与重生中，超然之人洞悉了生命为何。世俗的价值则追求争斗与目的、拉拢与牟利。

> 谦和的人有福了，因为他们必承受土地。
>
> 使人和睦的人有福了，因为他们必被称为神的儿子。[2]

有人认为社会思想只是暂时现象，有悖于个体性的增强。当我们渴望独立时，常常只能暗自希望可以独善其身，或者至少在集体中保持独特性。为了将这种隐藏的自我与公共精神关联起来，推动“新的精神共同体”的发展，满足对“从全新的起点重新出发，不再相互孤立”的渴望，近代的自由主义者已数次在战争时期做出尝试。而这些“激进分子”，年轻澎湃

1 “小爱”与“大爱”在德语原文中对应的词分别为“Nächstenliebe”与“Fernstenliebe”。Nächstenliebe 为德语词汇，意为慈善、仁爱，按字面则可解释为“对最亲近的爱”；而 Fernstenliebe 为作者创造的仿词，按字面可解释为“对最遥远的爱”，是原作者的一个文字游戏。故将两词作此意译。

2 出自圣经《马太福音》第五章中耶稣在山上对门徒所说的话（山上宝训，Sermon on the Mount），其中谈到了八种有福之人（天国八福，Beatitudes），这一段话被认为是基督徒言行及生活规范的准则。此处的翻译参考了 2010 年出版的《圣经（和合本修订版）》。

的“行动精神”先驱，他们声称自己是政治家……并不“反国家”，而是追求变革。所有的集体生活都基于一种社会结构，而社会结构的进一步发展也将为个体和大众带来进一步的团结。文明的进步程度并非只取决于它所达到的高度，而更多地取决于它的出发点。工会、劳工团体、人民剧场、人民之家、社区公园、公共浴场，在这些为服务大众而做出的努力中，同时也蕴含着让人们在更高层次的享受中互助、提升、分享而做的努力。我们不仅需要年轻的无产阶级这一不可或缺的力量的由下而上的推动，也需要精神力量的向上引领。这些都关乎艺术家在社会工作中的协作。许多人沉迷于自己的使命，从未了解或爱过人民，却充当着倡导者或领导者的角色。另一些则满怀热情与觉悟地将注意力转向人民。这些有预见性的先驱、热诚的政治家、有理想的诗人，他们都用自己的热情启发了人民，也升华了自己。在他们之中蕴藏了伟大的奥秘，人类灵魂深处的神奇力量。费奥多尔·陀思妥耶夫斯基[1]和列夫·托尔斯泰[2]，沃尔特·惠特曼[3]、塞万提斯[4]

---

1 费奥多尔·陀思妥耶夫斯基（Fyodor Dostoevsky，1821—1881年），俄国作家，他的小说作品常常描绘那些生活在社会底层却有着不同常人想法的角色，其文学风格对20世纪的世界文坛产生了深远的影响，部分学者认为他是存在主义（Existentialism）的奠基人。

2 列夫·托尔斯泰（Leo Tolstoy，1828—1910年），俄国作家，被认为是世界上最伟大的作家之一，其小说作品《战争与和平》（*War and Peace*）、《安娜·卡列尼娜》（*Anna Karenina*）是现实主义（Realism）文学的经典。

3 沃尔特·惠特曼（Walt Whitman，1819—1892年），美国诗人、散文家、新闻工作者。作为一位人文主义者，他身处超验主义（Transcendentalism）与现实主义间的变革时期，作品兼具两种观念，其最著名的作品为诗集《草叶集》（*Leaves of Grass*）。惠特曼是美国文坛最伟大的诗人之一，被称为“自由诗之父”。

4 米格尔·德·塞万提斯（Miguel de Cervantes，1547—1616年），西班牙作家，被誉为是最伟大的西班牙语作家、世界上最杰出的小说家之一，其最著名的作品《堂·吉诃德》（*Don Quixote*）是西方文学的经典之一，也被认为是文学史上第一部现代小说。

和斯特林堡[1]，汉姆生[2]和格哈特·霍普特曼[3]，像所有伟大的艺术家一样，他们不管是诗人还是改革家，是音乐家还是画家，是雕塑家还是建筑师，都是真正属于人民的创造者，都以自己的灵魂感染了人民。这些艺术家的努力为之赢得了更有意义的艺术形式，也为受众塑造了鲜活生动的艺术形象。

今天，人民之家的内在价值和外在价值十分局限。如同一位著名的奥地利无产阶级抒情诗人所说，“人民之家，一个充满了轰轰烈烈的运动、创造力的概念，而对其内涵的认知却少得可怜”。凭着其光鲜的涂装，人民之家本身像一个白色的石构发光体，一个处在恶劣灰暗环境中的欢乐之家。闪耀着“人民之家”标牌的街道成为神圣的光明之源，就像“一种新宗教的圣地”。在一个源自社会民主主义的人民之家的开幕式上，充满了乐观的发言，如“源于精神的气息”“情感洋溢的生活”和类似的表述震惊众人，同时也倡导人们不要“局限于这一座建筑”，而是应相信“未来的繁星之屋”。今天的作品将影响遥远的未来。不仅是满足知识、教育、基本娱乐的人民之家，大学、剧场及所有具有仪式感的场所都应向由神圣的光辉指引而来的人们敞开大门。

---

1 奥古斯特·斯特林堡（August Strindberg，1849—1912 年），瑞典作家、剧作家、画家，被称为现代戏剧创始人之一。他的作品直观地体现了他的生活经历和感受，具有自然主义和表现主义的风格。

2 克努特·汉姆生（Knut Hamsun，1859—1952 年），挪威作家，1920 年诺贝尔文学奖获得者。他被认为是“过去的百年间（1890—1990 年）最有影响力和最有创造力的文体家之一”。他的意识流和内心独白手法影响了卡夫卡、高尔基、海明威等一批作家。

3 格哈特·霍普特曼（Gerhart Hauptmann，1862—1946 年），德国剧作家、小说家，1912 年诺贝尔文学奖获得者。他被认为是自然主义文学最重要的推动者之一。

从大教堂中，我们可以听到洪亮的钟声，由塔楼传出的庄严之声在我们耳边回荡。作为建筑的教堂、作为乐器的教堂钟，已经从我们的脑海中消失。内心不再有敬仰和憧憬。

何种奇迹让晨曦的大地为之一笑，

仿佛这是大地诞生的第一天？

如同恩典一般，上帝创造的天地为之战栗。

这里没有那种愚昧之人，毕竟以他们的头脑

无法装点未知的伟大。

一道宽的光照耀着这片土地，

沐浴在光辉中的所有人都将获得救赎！[1]

斯特凡·乔治蒙受神恩创作了这些诗句，他是传达我们憧憬的最杰出使者。在他身上没有对信仰的放弃，有的是对生命的神圣启示。

我们是受苦受难之人。杀戮在我们之中横行。死亡的气息弥漫在世间。灵魂相互依偎在破碎的土地上。

我们承受苦难，但希望使我们脱离苦难。在恐惧中大惊失色，被各种恐怖撕裂，我们从心里感受到了死亡。天真已被污染，纯洁已被玷污。被抛弃和绝望的人们跪倒在被亵渎的神殿前。

我们转而寻求新的信仰。

---

1 此处的诗句引自德国诗人斯特凡·乔治（Stefan George, 1869—1993 年）的诗集《星之圣约》（*Der Stern des Bundes*，1913 年）。

大地已把成河的血流吸干。罪恶而珍贵，充满了神圣的预兆，它仍然是人类的坟墓和摇篮。

人类本应更有人性，我们不该再互相残杀，不该再让肮脏的战争结束后接着是肮脏的和平。但这需要一次全面的净化，大胆地否定一切在以前“显而易见”的事，不要把其他的一切都推给造物主。对于我们创造的一切，我们同时既是创造者又是创造物。当我们的言辞百无禁忌时，把神挂在嘴边是毫无用处的。深知“我们都有一种满怀虔诚地跪倒在世界的壮丽之前的渴望”[1]，保尔·谢尔巴特谈到了一种伟大而沉默的信仰。

他设想了一种完全不同于我们今天所了解的崇拜。他设想的神殿只需崇高的建筑与伟大的沉默，这种沉默只偶尔被优美的管弦乐与管风琴乐打断。即使是歌声也不应在这些神殿中出现。在神殿中可以不时看到表现宇宙的绘画与雕塑，但个体化和具象化的视觉元素更加少见，因为它们无法与崇拜万物的整体氛围融和。这位诗人的信仰和对世界的爱如此精神化。他置身于玻璃的轻质建筑、繁星之冠中，将战争形容为“无知野蛮人的幼稚教育手段”。也许至死都在厌恶战争的谢尔巴特曾想到过老子的教导：“天下之至柔，驰骋天下之至坚。”[2]

战争肆虐。但是，在作为奥地利人、塞尔维亚人、土耳其人、中国人之前，你首先是一个人，一个理智的、有爱的生物，你的任务只是在活在这个世

1 引自保尔·谢尔巴特的小说《孟乔森与克拉丽莎》（*Münchhausen und Clarissa: Ein Berliner Roman*，1906 年）。

2 出自《道德经》第四十三章，此处德语原文为“Das Allerweichste auf Erden überwindet das Härteste.”。

界上的短暂时间内实现自身的意义。而这种意义十分清楚：爱所有人。因此托尔斯泰曾说过，理解了生命的意义和重要性的人自然会感受到与所有人的平等和博爱，而非只与自己的同胞。怀着同样的神父预言般的精神，沃尔特·惠特曼在《桴鼓集》中为地球上的所有人指明了道路。

> 不要灰心，爱的深情终将解决自由的问题，
>
> 彼此相爱的人们终将不可战胜……
>
> 你们是在指望律师把你们联结在一起吗?
>
> 还是用一纸协议？还是用武器?
>
> 不成，不论是世界，不论是任何生物，都不会借此团结在一起。[1]

在此提到的惠特曼是热爱生活之人，他建设性地塑造了世界的物质与精神形态。热爱众生之人已成为社会生活有意识的创造者——他是一位社会主义者。从内心的丰盈到万物的精神相通，这是浪漫而富有远见的社会主义的理想目标，与社会主义务实的一面并不冲突。这也是惠特曼的目标和终极灵感。他积极地证明了对新的人类、新的人民的热切信念。在沃尔特·惠特曼身上有着“亲切的混沌与深邃，情感的博爱与丰富”；他坚定且富有成效地根植于社会活动，天才的创造力使他脱离世间的繁杂，达到澄澈清明的境界。

> ……午夜：这是你的时刻，啊，灵魂，你自由地飞去那无言的世界，

1 引自沃尔特·惠特曼《桴鼓集》（*Drum-Taps*, 1865 年）中的《在成堆的尸体上空升起了预言家的声音》（*Over the carnage rose prophetic a voice*）一诗。此处及下文中的相关中文翻译参考了上海译文出版社 1991 年出版的《草叶集》（赵萝蕤 译）。

离开书本，离开艺术，白天已经抹掉，功课已经结束，

你完完全全显现了，沉默，凝望着，思考着你最喜爱的东西，

黑夜，睡眠，死亡和那些星星。[1]

这是我们试图重塑生命的方式。热爱花朵，崇敬果实。拥抱大地，仰望天空。塑造丰盈，探寻空虚。空旷的玻璃宫殿，不仅仅是建筑师的梦想。在其光辉中，是最伟大荣耀的象征。

世界的进步与对未来的信念常常遭到诋毁与忽视，好像它们不该属于这个世界，或者把坚持信念的人与格瑞格斯·韦勒[2]归为一类。虽然格瑞格斯热衷于批判，但易卜生仍给予了这一角色所有正面的喜爱，即便雅尔马·埃克达尔身上有培尔·金特[3]的影子，也保留了一些最初的本质。我们可以发现，所有街道上遍布着或善良或邪恶的傻瓜，或大或小的骗子。通过克努特·汉姆生描绘的社会缩影，许多人在世间最纷杂的万象中看到了永恒，在最扭曲的角色中看到了精神的土壤。

我们要摆脱胆怯，这种胆怯使得今天的社会主义者常常只追求过小的目标，我们要重新成为世界的改革家、未来的信仰者。在所有基于现状与

1 引自沃尔特·惠特曼《草叶集》（*Leaves of Grass*, 1881）中的《一个晴朗的午夜》（A Clear Midnight）一诗。

2 格瑞格斯·韦勒（Gregers Werle）是挪威剧作家亨里克·易卜生（Henrik Ibsen, 1828—1906 年）创作的戏剧《野鸭》（*The Wild Duck*，1884 年）中的角色：格瑞格斯离乡多年后回到家乡，对父亲的卑劣行为感到既愤怒又忧心忡忡。他在抨击父亲的罪过后，愤而离家，决心按照“真理的召唤”行事，试图帮助儿时的好友雅尔马·埃克达尔（Hjalmar Ekdal），但结局事与愿违。

3 培尔·金特（Peer Gynt）是易卜生的另一部作品《培尔·金特》（*Peer Gynt*，1867 年）中的角色。该作品展现了纨绔子弟培尔·金特放浪、冒险、辗转的生命历程。

事实的作品中，我们不会继续漠然地延续陈旧的思路，而是满怀期待和热情地投身于新的、无法估量的、纯粹的东西。这一点适用于所有领域。精神化不仅仅是思想的改变。国际主义不仅仅是“政府间的互信”，在和平时期被作为目标，在战时又被抛弃。自由不仅仅是一种法律保障的形式。当涉及理念时，重要的是超越其定义、无法用有限的语言表达的东西。我们热爱这些理念，因为它们是汇入永恒的生命之流的。

对存在的前瞻性思考可以是先验的，可以超越发展阶段，但其前提一定是不被人称颂的占有。如果贺拉斯[1]想要用他的前额触碰繁星，那么他对大地的依赖不会比他歌颂美酒时少；但那些自我放弃的人，完全迷失自我的人，缺乏意志、脱离日常生活、脱离自我束缚的人，会渐渐滑向深渊。只有伴随群星，我们才能获得完整的生命。

如同生存的斗争只能通过社会文化来解决，我们需要摆脱文明的庸俗，转向对艺术的崇拜。世间与天堂的荣耀[2]：

> 啊，月光照耀的城市，啊，远离了尘世——

我们建立城市和帝国，但人类最大的安全和最富足的是互助与自助的美德。古今都是如此，但只有很少的人能够认识到个体生命与普世而伟大

---

1 贺拉斯（Quintus Horatius Flaccus，公元前 65—公元前 8），古罗马诗人、批评家、翻译家，古罗马文学“黄金时代”的代表人物之一。他的“寓教于乐”的观点，以及对合式、类型、共性等的论说，为 17 世纪古典主义制定了基本原则，在西方古代美学思想史上占重要地位，影响仅次于亚里士多德和柏拉图。其代表作《诗艺》（*Ars Poetica*）是欧洲古典文学理论名篇，其中讲述了艺术与生活的关系、文艺对于教育的作用，文艺对于个人的作用。

2 原著此句为拉丁文“Gloria mundi et coeli”。

的内在幸福之间的关系。至此，我们已经基于渴望和能力建立了一个升华的外在意象。不是棚屋也不是宫殿，不是乡村建筑也不是城市建筑，作为终极目标，其中也没有包含任何或小或大的权力。是什么将人们带向幸福，是什么将他们推入苦难，这是睿智善良之人才知道的秘密。圣洁和美丽是世间生命之本，却面临被扭曲的危险。虚无不容亵渎。

光明之地，向所有精神之流无限敞开，

在你之中我们得以加冠，你的光辉是我们永不熄灭的明星。

作为传统意义上维护国家自身利益的现实纽带，宗教对于国家来说一直是一种重要的工具。当它涉及更高的层次时，统治者便将其抛弃。国家则作为秩序结构的化身，任由凡人般的上帝指使。盲目崇拜和唯命是从是两种一再出现的形式，它们体现了表面的虔诚和无情的暴力。这种表面的虔诚不一定是虚伪的，无情的暴力也不一定是贵族暴政或暴民统治。超越自我意味着摆脱利己主义的低级教条，投身于更崇高的共同体，它将古老的政治要求和宗教要求从僵化的世俗中解放出来，转而追求永恒的人类价值。

应该被给予的不是一种功能，而是一面旗帜；不是一个死气沉沉的设计，而是一个由内心渴望创造的鲜活实体：作为一种有灵魂的事物的人类聚居地。思想无须再保持沉默。它是一种可感知的隔绝，存在于一切美好的绝对事物之中，并在似有关联的万物中统领一切。

人民权利、人民意志、人民国家——已经从朝气蓬勃的趋势变为空洞的议会例行的公事、报纸头条和图书标题。人民艺术[1]、人民之家、人民学校有辱人民与艺术，住宅和校园建筑也是如此。“人民”是普天下苦难的生动缩影，帝王、君主、贵族、农民、市民、乞丐都包括在其中。成为国家的头号公仆听起来很民主，将君主意志定为最高的法律则听起来很独裁。然而，两者都忽略了人民。管理与被管理是针对统治者与被统治者而言的定义和模式。除了通过投票和个人言论，人民通过他们的创造表达自己，特别是以艺术的表现方式形象地与我们对话。据此我们可以获得一个恰当的参照。如果正确地理解了这一关系，就可以知道人民与艺术是密不可分的；不同的人民阶层只对应特定的国家和社会、场所和历史、工艺和娱乐方式。

今天，官僚国家和军事国家是两种常见且共存对立的资本主义国家形式，人类深受其害。基于相互尊重的和平共处极其罕见，并且在大部分情况下相关尝试都以失败告终。社会、文化、艺术方面的努力常常因不光彩的妥协和狭隘的虚荣而挫败，而创作的自主性和超越个体的升华本该发挥其服务于大众的作用。建设田园城市的思想已被土地投机严重扭曲，与之相关的更高的理想本来值得大力推广，现在却常常大打折扣。比起运动的发源地英国，最初方案中的理想在德国更是所剩无几。没有信仰力量为之铺路，创造性的想法也会枯竭。如果一个人的格局太小，就容易陷入狭隘的琐事之中。伟大的作品必须立意高远，并延续不绝。在时间维度上对作

1 人民艺术（德语：Volkskunst），即民间艺术。此处为保留德语原著中押头韵的修辞形式，故作此翻译。上下文中的“人民权利”“人民意志”“人民国家”“人民之家”“人民学校”都对应原著中相应的德语词汇：“Volksrecht”“Volkswille”“Volksstaat”“Volkshaus”“Volksschule”。

品缺乏信心不仅是结果，也是其内在弱点的根源。这种弱点不会因野蛮的努力与对权力的追求而消失，只会更加根深蒂固。

在玻璃的光辉下，建筑摆脱了沉重。如同沉重的层次会产生愤怒，纯净的场景将创造宁静与和谐。精心建造的城市让人们共同生活得更加高尚和美好。城市这一作品中的伟大地标则使人们更加接近伟大的目标。艺术与艺术家、建筑与人类相互塑造并创新。

因为石头不具备玻璃般的光辉，石构建筑、石构城市已无须成为一种束缚。美没有界限——确实如此：对美的热爱永远不会太多。花环围绕着的不是某种美学原则或某种美学形式。美的信条是神圣的。柏拉图的理念、宇宙的思想、避世的超脱。哥特式和梦想中蕴含的是对世界的爱和巨大的魔力。如同中世纪的人们从宗教信条获得了更高层次的认知，新的社会领域的崛起将带来宇宙 - 神圣 - 艺术的空间。

在空想中，我们带着幸福的战栗远远看到了一个美丽的国度。在那里，人类已克服了仇恨与痛苦，相互间的共存与对立已转化为合作，对占有的嫉妒和贪婪已让位于谦和与和睦的幸福。很少有人知道谦和并不代表羞怯和懦弱，和睦也不代表胆怯和屈从。在胜利的曙光中，精神已获得重生的人类已为了更高的目标脱离了低级趣味。在明日的光辉中，光线穿过永恒之城的城垛照耀着我们。建造它，积极地感受它，即是最高的理想。

我们正见证在曾被压迫和出卖的人们的欢呼声中，庞大的国家结构走向瓦解。这些人没有选择从痛苦、愤怒到绝望的倒退之路，而是重新审视，朝着崭新的行动和自信迈进。只要我们推翻腐朽，埋葬已死之物而不沾染污秽，新的信念便会在心中涌动，因为没有死亡就没有新生。我们这个时代的真的猛士不会被劝服或打败。即使没有胜利的呼喊，他们也都是今天和明天的胜利者，他们不知道何为失败，那是只有变节者和俯首称臣之人才知道的东西。当观点和信仰改变，只有在重生中孕育未来的保证。

我们的帝国并非发端于战争，我们的力量不靠武器。正如我们沉醉不需要酒，我们的国防力量不靠矿石，我们的胜利也不来自战争的荣耀。我们不以部落般的野蛮手段胁迫思想。思想升华于战争的消亡，罪行的骷髅地[1]、武装者的失败。人类再次昂起头来，沉重的仇恨已被撕碎。在原始的暴力的墓地之上，飞架起了一座通往人民新的福祉，通往世界的解放的桥梁。

---

1 骷髅地（德语：Schädelstätte），即各各他（Golgotha），相传为耶稣受难地，位于耶路撒冷西北郊。据《圣经》记载，耶稣被钉死在各各他山的十字架上。

图 70 鲁昂大教堂[1]

1 鲁昂大教堂（Cathédrale de Rouen，建于 13 世纪初至 1880 年），位于法国北部城市鲁昂（Rouen），其建筑融合了哥特早期（Early Gothic）、哥特鼎盛期（High Gothic）和哥特晚期火焰式（Flamboyant Gothic）等多种风格。教堂钟楼高 151 米，在 1876—1880 年为世界最高建筑，现在仍是法国最高的教堂建筑。著名的法国印象派画家克劳德·莫奈（Claude Monet，1840—1926 年）曾在 1892—1894 年创作了一系列以鲁昂大教堂为主题的画作，30 多幅作品描绘了在不同光照条件下的教堂立面。

建造艺术的重生[1]

作者：阿道夫 · 贝恩[2]

1 在德语原著中本章的标题为“Wiedergeburt der Baukunst”。“Baukunst”（建造艺术）一词是由德语中的“Bau”（建筑）与“Kunst”（艺术）引申而来，如今在英语中常对应翻译为“Architecture”（建筑艺术），如在英语译本中此标题就被译为“Rebirth of Architecture”。但“Baukunst”与“Architecture”的内涵其实并不相同：前者强调“建造的升华”，后者则更偏向“理念的投射”。在德语中“Architektur”一词在 19 世纪后才从拉丁语引入，在其逐渐成为主流表述之前，“Baukunst”一直是更为常用的概念。

2 阿道夫 • 贝恩（Adolf Behne，1885—1948 年），德国建筑师、建筑批评家、艺术史学家。他是德国魏玛共和国时期先锋派的代表人物之一、德意志制造联盟（Deutscher Werkbund）成员。他在 1913 年写的一篇关于陶特的评论文章中，首次提出了“表现主义建筑”（Expressionist architecture）的概念，并成为表现主义的主要推动者之一。在 1918 年，他与陶特、格罗皮乌斯（Walter Gropius，1883—1969 年）、表现主义画家塞萨尔 • 克莱因（César Klein，1876—1954 年）共同成立了艺术家组织“艺术公社”（Arbeitsrat für Kunst），其中的许多成员也是包豪斯（Bauhaus）的重要创始人。

我想展示艺术自哥特式在欧洲最后一次繁荣以来，是如何走向衰败的，并试着揭示在经历极端的萧条之后，那些预示着新的创造的力量。我的论述基于一个真理：建造艺术是一切艺术的载体。如果一棵树的树干生病了，树叶就不可能健康生长，如果树叶都已枯死，树干也一定会受到损伤。然而，疾病首先从树干开始，经由树枝、细枝、叶脉、树叶造成逐渐的瘫痪，但只有当其最终到达最后一个叶梢时，一棵病树才可能开始逐步重获新生；但是，当病树开始恢复时，新的生命则是自下而上，由树干的根部滋养着整棵树。所以，并不存在一个明确范围内可见的逐步发展，可以在不知不觉中改变它的症状，有的只是一个新的开始；自然的事物不是能用物理学解释的，它是一种生物学现象——一个奇迹。

为了直观地说明这一生物学过程，我必须将最后所剩树叶的最腐坏的部分分离出来，并展示从树干根部催生新事物的种种力量。这意味着为了实现我们的任务，我将首先谈到图像的消亡，因为绘画是最前沿的视觉艺术。基于我在前文中所说的，或许有人会认为：从此处开始，我应该逐渐，甚至必须朝着相反的方向回溯至树的主干，回溯至所有艺术的根源——建造艺术。确实，我做了一个跳跃式论述。但我相信我已在下文中证明这样的跳跃并不是随意的，而是一种客观必然。

但是，从上文的叙述中可以推断出一件事，那就是我的论证并不局限于历史的视角。不过只要我从树叶的凋零谈到树干的新生，我就必须从历史的脉络谈起。时间并不会创造艺术作品。因此，将艺术的思考与时间的概念联系在一起完全是主观臆断。根据现代的印象主义，印度就不是一个已逝的过去，而是我们的未来。[1]

1 在后文中，作者贝恩表达了对印象主义的批判，并在结尾部分表达了对印度建筑的大力推崇。

我们思考的展开基于绘画仍与建造艺术有着丰富的关联。哥特式教堂的玻璃窗可以作为一个例子。在这时，没有东西只关乎某种孤立的艺术，也没有东西只关乎由伟大的艺术意志[1]割裂开的专门技术。对眼睛来说，看如此富丽堂皇、如此精美的窗户是一种享受——这种愉悦的深层次部分包含了一种意识：在彩色玻璃窗这一明珠周围，许多其他的东西也同样不断地熠熠生辉，而这一切都深置于强烈、有力、宏大的空间主体中。不仅具有各种轮廓、花饰窗格的窗框，还有束柱[2]上的券肋、柱头、雕塑，高处的拱顶石的影子都在这玻璃的奇迹中动人地摇曳。不，在可见的范围之外，我们还在这些精美而动人、真挚而热烈的巨大玻璃嵌板，以及大门和立面上的山墙和小尖塔、玫瑰形和球形装饰中感受到了一种统一，在高耸入云的塔尖我们都可以感受到这种统一。事实上，如果高耸入云的建筑形式伴随着钟声将建筑转化为音乐，那么由五光十色的彩色玻璃窗画、焚香的芬芳、回荡在高处的净化心灵之音所共同创造的统一则使得这一纯净而精致的空间深入人心。

关于哥特式玻璃彩绘的丰富性，还有很多可以说。但是在这里，作为

---

1 艺术意志（德语：Kunstwollen），是奥地利艺术史家、维也纳艺术史学派代表人物阿洛伊斯·李格尔（Alois Riegl，1858—1905 年）提出的用以解释艺术发展的概念。李格尔在其代表作《风格问题》（*Stilfragen*，1893）一书中对装饰艺术的历史作了深入研究。他反对戈特弗里德·森佩尔（Gottfried Semper，1803—1879 年）从材料、技术的角度对装饰风格所做的物质主义研究，并提出了“艺术意志”这一概念。艺术意志是一种精神因素，指艺术家或一个时代所拥有的自由的、创造性的艺术冲动。李格尔认为，艺术风格发展并非像森佩尔等所主张的那样是对材料与技术要求的被动反应，艺术意志才是其中的主要推动因素。

2 束柱（德语：Säulenbündel 或 Bündelpfeiler），由多个柱身组合而成的圆柱，常出现在哥特式教堂中。束柱上的多根细柱强调了垂直的线条，并与上方的券肋相连，更加衬托出空间的高耸峻峭。

一系列论述的切入点，它只应与建筑作为一个整体被看作是美的来源。如果与我接下来将谈到的艺术逐渐衰败的例子比起来，哥特式玻璃窗将一而再地凸显，其丰富性也将更加明显。但在我看来，有必要特别指出同属于哥特时代的一个现象。巨型窗户散发着光辉，其中晶莹剔透的彩色玻璃滤尽了世俗的物质。除此之外，哥特时代的人们也懂得绘画和书籍插画中宁静、生动、人性化的叙事。但哥特全盛时代的人们并不懂得纪念性与怡人性、神圣化与人性化、宏大宇宙与趣闻轶事之间的融合。

只有当我们在意识中同时接受两者时，我们才能感受到这个时代完整的丰富性，这种丰富性超越了所有的理论和口号。哥特时代既是非现实主义的，也是现实主义的，它的奥秘只基于其本身的时代和地点。《文策尔圣经》[1] 中的细密画，《豪华时祷书》[2] 或《格里马尼祈祷书》[3] 中的日历画无限深情地描绘了草长莺飞、淡青色的牛角、崎岖的石壁和轻薄的围栏、各色的人物、房子和高塔、城堡和山峰，没有谁会去期望它们不同于现有

1 《文策尔圣经》（*Wenzelsbibel*），泥金装饰圣经手抄本，由神圣罗马帝国时期的德国君主文策尔一世（Wenzel，1378—1419 年）下令创作于 14 世纪 90 年代，是最古老的德语版本圣经之一，因其中精美的装饰和插画而闻名。现藏于奥地利维也纳的奥地利国家图书馆（Österreichische Nationalbibliothek）。

2 《豪华时祷书》（*Très Riches Heures*），全称《贝里公爵的豪华时祷书》（*Les Très Riches Heures du duc de Berry*），是一本 15 世纪的法国哥特式泥金装饰手抄本，由约翰·贝里公爵（Jean de Berry，1340—1416 年）赞助，主要由法国中世纪晚期最著名的手抄本画家林堡三兄弟（Gebroeders van Limburg）创作完成。该书使用了 206 张羊皮纸，包含 66 幅大型细密画及 65 幅小型细密画，宗教与世俗生活题材相结合，描绘了祈祷者在祷告时间做祷告的场景。现藏于法国尚蒂伊的孔代博物馆（Musée Condé）。

3 《格里马尼祈祷书》（*Breviarium Grimani*），泥金装饰圣经手抄本，创作于 1510—1520 年的佛兰德地区（Flanders），由当时多名著名画家创作完成，以其最初的拥有者之一多梅尼科·格利马尼（Domenico Grimani，1461—1523 年）的名字命名。现藏于意大利威尼斯的圣马可图书馆（Biblioteca Marciana）。

的样子。这些画面因其艺术纯洁性而不容篡改。只有当我们重视这些画作，我们才能完全重新理解并欣赏造就教堂花窗伟大而陌生形式的精神，甚至无须了解这些书中描述的东西——书的封皮掩盖了这些精神。

这些细密画如此迷人，仿佛被巧手施以了一层最后的细腻外表。而这也可以用来形容同时代的一些杰出的绘画作品。但为了创造伟大的作品，所有的素材都被投入了最炙热的熔炉，直至造就了一种新的玻璃的超凡组合。从画作抽象的纯净色彩中，新的形式得以产生。

在由多个部分组成的哥特式祭坛画中，可以发现不同领域走向融合的第一步。因为在祭坛画中，绘画第一次从艺术中脱颖而出。这些作品的宝贵之处在于它们是一种激荡灵魂的金色视觉盛宴，锡耶纳学院[1]的华丽馆藏就展现了这一点。这些祭坛画早已比玻璃嵌板更具有真实感、材料感、实体感，而玻璃嵌板则从建筑外部、从光、从天空获得了它的效果之美。在这种效果中，石造物仿佛成为一种卑微的衬托，与光线、阳光合为一体。当明亮的苍穹深邃而有力地穿透玻璃窗，色彩的力量被从中释放，如同管风琴声一般，在墙壁与地面上洒满了斑斓的光影，保证了人造之物被赋予恩典。祭坛画板则不再具有这种神秘的特征，它们已然是一种教条。在其四周已经有了一个框。没有了边框，它们便无法竖立。无限的光芒在祭坛画中已成了一种金色的物质。

---

1 贝恩在此处提到的锡耶纳学院（德语：Akademie zu Siena）指的应该是：锡耶纳美术学院（意大利语：Accademia di belle arti di Siena）。该学院曾保存大量金色背景的中世纪祭坛画，其中包括中世纪意大利最具影响力的画家之一、锡耶纳画派的创始人杜乔·迪·波尼赛尼亚（Duccio di Buoninsegna）的作品。20 世纪 30 年代，其馆藏被转移至锡耶纳国立美术馆（意大利语：Pinacoteca nazionale di Siena）。

不过祭坛画的美中还是充满了恩宠和甜蜜，好似某人记忆中的梦境。虽然它们已并不神秘，但其本身仍拒绝凡人的视角。它们不如玻璃花窗宏大，但仍然非常精彩。它们周围有框，但这种边框仍然被视为一种形式创造。祭坛画的边框本身就是一种小尺度的建筑，它螺旋式的细长柱子将圣徒分开，但并不孤立他们；它的尖券常常布有花饰窗格，在尖券的拱中则刚好融入了光环；附加的山花板排列在林立的金色尖顶造型中；还有较窄的侧翼图画——更不要忘了作为基座的祭坛饰台[1]。这些美丽的画面本身就是一种图示表达与框架融合，两者同时诞生，并且整体中的圣徒、宗教场景都缺一不可。人物形象立于金色的背景中，而边框也是金色的；金色的边框被从柱基到精美柱头的立柱轮廓、装饰性山墙上的卷叶形花饰、拱肩[2]上的精美浮雕精心而无止境地装点，繁复的装饰则在画板金色背景上精雕细琢、微光粼粼的装饰中得到了统一，呈现出一种太阳光芒般的精美肌理。

这样的作品与建筑相结合才会有意义，即使它出自于绘画与建筑的直接融合。无论以何种方式，只有当其置于教堂空间中，它才展现出其全部的意义，只有在那里，祭坛画的尖券、柱子和其他与建造艺术相关的元素才会有同类型的建筑形态作为支撑。祭坛画板使其每一个图示表达都结束于曲线形的尖券中，这一点绝非显而易见。这种与曲线形轮廓的动人结合为我们清晰地展现了：所有真正艺术深层的宏大宇宙观在祭坛画中还未完

1 祭坛饰台（德语、英语：Predella），指与祭坛画底缘平行的镶板，也可指镶板表面的绘画或雕塑。在文艺复兴时期的祭坛画中，特别是在那些三联或多联式样的祭坛画中，底边镶板通常是整个结构的一部分，并且表面常有一系列与祭坛画主题有关的绘画或雕塑。

2 拱肩（德语：Zwickel，英语：Spandrel），相邻两拱券之间的近似三角形的区域，或者是由单拱券的曲线和相邻水平界面，以及垂直线脚、柱子或墙面构成的三角形区域。

全断裂。当然，以尖券作为图示表达的收尾，这种做法首先是借鉴了惯有且随处可见的已有形式。但是，为什么这种对起伏的曲线、对交错的热爱在祭坛画中无处不在？尖券赋予了艺术一丝天堂的感觉，而这种解读绝非臆断和“灵机一动”。正如位于锡耶纳国立美术馆的萨诺·迪·皮埃特罗[1]的美丽祭坛画（附图 1），当尖券明亮地高立于圣母之上，当花饰窗格的曲线并没有结束或匆匆收尾于顶端，而是无限地延伸，与边界交相呼应时，天使们发光的头部通过展开的起伏曲线从上方遥相辉映——我便从中找到了证据。在这里，绘画仍给人一种感觉：艺术的一切标准并不是人，而是日月星辰。日月星辰则在伸展的曲线中起伏、交错、相会，来自无限，归于无限。宇宙的一切都是螺旋、曲线、环形的。在宇宙中没有最短的直线路径，也没有平面。而我们可以说建造艺术在所有的人类活动中保留了最多的宇宙特征，从另一方面说，它是最接近上帝造物的行为，它最自由地与垂直、水平、平面区别开来——在它的拱中。画家则满怀感激地靠向了护壁板、穹顶、拱顶的拱肩——建造艺术为他们创造的一小片天空。总是惋惜于哥特式为壁画留下的空间如此之小，以至于它不得不退缩到交叉拱的窄小拱肩上，这是不对的。不，通过在其建筑中给绘画分配了如此微妙而困难的角色，哥特时代也最趋于理想。绘画形象位于其所在起伏曲线形的壁龛或龛室中是多么稳定，从那里它们如星座般俯瞰众生！让我们将目光从它们身上移开——从那些装点了位于布尔日的雅克·柯尔宫[2]中小礼拜

1 萨诺·迪·皮埃特罗（Sano di Pietro，1406—1481 年），意大利文艺复兴时期锡耶纳画派画家。

2 雅克·柯尔宫（Palais Jacques-Cœur）是中世纪法国富商雅克·柯尔（Jacques Cœur，1395—1456 年）的宅邸，位于法国中部城市布尔日（Bourges）。被视为 15 世纪最优秀和最豪华的民用建筑物，建筑风格为火焰哥特式（Flamboyant Gothic），于 1840 年被列为法国历史古迹。

附图 1 《圣母与子及圣徒》，萨诺·迪·皮埃特罗[1]

堂天花板的天使上移开，将目光移回到萨诺·迪·皮埃特罗，我们也许可以感受到一种效果存疑的僵硬而平坦的平面感。而在由光编织的彩色玻璃

1 《圣母与子及圣徒》（*Madonna con Bambino e Santi*，约 1444 年），萨诺·迪·皮埃特罗创作的多联祭坛画（polyptych），现藏于意大利锡耶纳国立美术馆（Pinacoteca nazionale di Siena）。图片来源：锡耶纳国立美术馆网站。（附图 1 ～ 7 均为译者在原著基础上补充的图片，以下标注略。）

中，这种平面化的表达则消失得无影无踪。但在祭坛画中则朝着理性迈出了糟糕的一步。现在已再不可能永远阻止各种各样的人想要去触碰那些艺术形象。曲线形的拱顶像骑士的盔甲一样掩护着这些形象，但在祭坛画曲线形的世界中，它们遭受了此般好事者的冲击。伟大的建筑曾使这些形象可以远离一切质疑者。但现在，它们可以被毫无防备地轻易触碰。一块地面上的木平板也无法阻止什么。只有美丽的尖券华盖，以及背景、形象、边框中统一的金色可以提供短暂的保护。

一旦观者和圣徒平等地接近，整体感便自然而然地迅速减弱，所有的后来者都不得不艰难地重新寻求整体感。在祭坛画中，萨诺·迪·皮埃特罗、伟大的艺术家菲奥伦佐·迪·洛伦佐[1]、斯特凡·洛赫纳[2]所获得的丰富性都来自于创作者背后的整体感。其色调是金色的。但是只要在金色的背景上开一个孔，只要掺入蓝色天空本来的颜色，就必须人为地在一种新的基础上追求已失去的天然整体感。在此之前，实现整体感的关键都在画面之外。现在整体感不得不体现在画面之中，这将对我们产生深远的影响。不过，正如皮耶罗·德拉·弗朗切斯卡[3]所说的与他画中所体现的，在短时间内，所有细节还可以处于一种微妙而先验的整体感之中。其色调是银色的。它

---

1 菲奥伦佐·迪·洛伦佐（Fiorenzo di Lorenzo，1440—1522 年），意大利文艺复兴时期翁布里亚（Umbria）画派画家。

2 斯特凡·洛赫纳（Stefan Lochner，1410—1451 年），德国科隆画派最著名的画家。他是国际哥特式（International Gothic）的代表人物，也是早期尼德兰画派画家扬·范·艾克（Jan van Eyck）和罗伯特·坎平（Robert Campin）最早的接受者之一。

3 皮耶罗·德拉·弗朗切斯卡（Piero della Francesca，1415—1491 年），意大利文艺复兴早期画家、几何学家、数学家。宁静的人文主义、对几何形式和透视法的运用是其绘画作品的显著特征。

附图 2 《乌尔比诺公爵夫妇肖像》，皮耶罗·德拉·弗朗切斯卡[1]

深厚的聚合力即使在肖像画中都可以体现——在巴缇丝塔·斯福尔扎的肖像画中（附图 2）——或是在同时代的彩色作品中，表现为一种非常普遍的超自然的表达。此外，我们在此面临一个决定：是否应该重新审视整体艺术[2]这一概念。

1 《乌尔比诺公爵夫妇肖像》（*I duchi di Urbino Federico da Montefeltro e Battista Sforza*，约 1473—1475 年），皮耶罗·德拉·弗朗切斯卡创作的木板双联油画，现藏于意大利佛罗伦萨的乌菲兹美术馆（Galleria degli Uffizi）。图片来源：乌菲兹美术馆网站。

2 整体艺术（德语：Gesamtkunstwerk）是德国作曲家、剧作家理查德·瓦格纳（Richard Wagner, 1813—1883 年）于 1849 年提出的美学概念，指在一件艺术作品中运用一切或多种艺术形式（如音乐、诗歌、舞蹈、戏剧、建筑、绘画）。此后，这一概念被延展、应用于建筑、电影、大众传媒等领域中，德语的“Gesamtkunstwerk”一词也作为一个美学术语被英语吸收。在建筑学中，“Gesamtkunstwerk”常指一座建筑的各个方面（外观、室内、陈设、景观等）都由建筑师整体设计和把控。

尽管存在种种误解，整体艺术仍应是目标——这一目标当然不是由永远无法超越整体的片段组合而成的，不管其中运用了何种手段，多少种手段，整体艺术仍可以使心弦为之而动，因为它高屋建瓴，其中的一切仍是统一的整体。因此，韦伯的《奥伯龙》[1]以整体感为起点，而理查德·瓦格纳的作品则追求整体感。

在罗希尔·凡·德·魏登[2]的作品中，绘画已经完全脱离了建造艺术。我提到他的名字，是因为他的三联画《圣路加绘圣母像》（附图 3）非常清晰地展现了这种分离的结果。若没有范·艾克兄弟的作品[3]（附图 4），罗希尔则是不可思议的。艺术史对范·艾克兄弟给予了恰当的评价：他们延续了泥金装饰手抄本画家[4]对对象细微而精确、详细而多彩的描绘，将其精美的插画扩展至一幅幅灿烂的油画。但如果艺术史将他们的成就归功

---

1 奥伯龙（*Oberon*）是由德国浪漫主义作曲家卡尔·马利亚·冯·韦伯（Carl Maria von Weber，1786—1826 年）作曲的歌剧，其剧本根据古老的法国浪漫传奇故事改编，于 1826 年在伦敦首次公演。该歌剧被认为“结构松散，音乐缺乏内在的统一和连贯性，更像一部戏剧配乐”，但其序曲的作曲概括、生动，是音乐会上经常演奏的曲目。

2 罗希尔·凡·德·魏登（Rogier van der Weyden，1399/1400—1464 年），出生于今天的比利时图尔奈（Tournai），早期尼德兰画派画家。他与罗伯特·坎平、扬·范·艾克并称为早期尼德兰画派三大画家。

3 “范·艾克兄弟”指的是扬·范·艾克和哥哥休伯特·范·艾克（Hubert van Eyck，1380—1426 年）。兄弟俩曾合作进行艺术创作，共同作品包括著名的根特祭坛画（*Ghent Altarpiece*）。贝恩在此处提到的“作品”指的应该是扬·范·艾克创作的《宰相洛兰的圣母》，该画与罗希尔·凡·德·魏登的《圣路加绘圣母像》有许多相似之处，但在时间上早于凡·德·魏登的作品。

4 泥金装饰手抄本画家（德语：buchmaler，英语：illuminator）是指绘制泥金装饰手抄本（英语：illuminated manuscript）的艺术家。泥金装饰手抄本是手抄本的一种，其内容通常是关于宗教的，内文由精美的装饰来填充，例如经过装饰性处理的首字母和边框。前文提到的《文策尔圣经》《豪华时祷书》《格里马尼祈祷书》都属于泥金装饰手抄本。

附图 3 《圣路加绘圣母像》，罗希尔·凡·德·魏登[1]

于此——“为什么他们不取其精华，安于所习呢？”——正如我们之前论述的原因，我们可以发现存在一个更深层的关键步骤。直到现在，作为现代概念的“图画”才得以出现，指的是一个着色的、不受约束、可移动的带框画板。而我们强调的是：当绘画最终脱离建造艺术的那一刻，它必定

1《圣路加绘圣母像》（*Saint Luke Drawing the Virgin*，约 1435—1440 年），罗希尔·凡·德·魏登创作的木板蛋彩油画，现藏于美国波士顿美术馆（Museum of Fine Arts, Boston）。图片来源：波士顿美术馆网站。

附图 4 《宰相洛兰的圣母》，扬•范•艾克[1]

从图书、从绘本中获得了灵感。——即使在今天，我们对于“图画”的第一印象不还是某本书的插图页吗？书和图画在我们脑海中不还是息息相关的概念吗？当绘画走下拱顶，茫然地矗立着，除了将书页放大以外，无以为继，它将变得多么无力，多么没有意义！艺术史完全忽略了这一关键的时期。它只在其中看到了常规的逻辑发展。然而，我们相信现代绘画的厄运在这一刻已经注定，而在下文中我们将试图指出其带来的一些后果。

1 《宰相洛兰的圣母》（*The Virgin of Chancellor Rolin*，约 1435 年），扬•范•埃克创作的木板油画，现藏于法国巴黎的卢浮宫（Musée du Louvre）。图片来源：Wikipedia。

从此以后，绘画不得不变得具象。具象化现在成为绘画的标准，并成为其赖以生存的土壤。优秀的画作未必是非具象的，但一定不局限于具象化，而是将具体对象加以利用。具象化从未影响其风格，而当今完全可以说是一种“具象化的风格”。在此之前，绘画不需要为自身证明。它只需要创造美和丰富性，并成为美和丰富的化身。其他的东西使绘画免于自圆其说。跨度宏大、包罗万象的建筑赋予了绘画以正当性。通过这些，绘画自身具有了意义。这种意义不在于建筑形式，不在于雕塑，也不在于绘画，而在于它们的共同性。当现在绘画完全脱离了建筑，它就不得不寻找新的意义、新的正当性。很自然地，这种正当性不可能再存在于绘画本身以外更大的整体之中，而是成为一种落在绘画原本轻松的肩上的负担。只有在自身中绘画才能自圆其说，而除了具体的对象几乎别无选择，其自圆其说便建立在具体对象的明晰性和普遍认可性之上。曾几何时，绘画还是宏大宇宙感的组成部分。那时它作为装饰成为建造艺术的一部分。绘画被带向高处，并自由地，完全自由地自我塑造，正如埃克哈特大师的真言，“越束缚，越自由”。而现在，伴随着艾克的作品，绘画已变得世俗。它有自我意识，而且因为它已做出了自我安慰的应对，也没有惩罚性的天外救星[1]能让其回头，所以当它将细密画的一幅幅精美的书页放大为“图画”，它一时认为这种分离是真正的自由，但这其实只是关联感的衰退。不过，

1 天外救星（拉丁语：deus ex machina）是指意料之外的、突然的、牵强的解围角色、手段或事件，在虚构作品中，突然引入来为紧张情节或场面解围。该词组出自希腊语，意为“机关跑出的神”。在古希腊戏剧中，当剧情陷入胶着，难题难以解决时，利用起重机或升降的机关，将扮演神的演员载送至舞台上。突然出现拥有强大力量的神将难题解决，令剧情得以逆转。

也许它只是没有意识到它现在恰恰陷入了被奴役的状态，陷入了具象化的牢牢桎梏之中。在建筑的有力而宽泛的庇护中，绘画的色彩何其灿烂。那里有何可以动摇它们的存在。色彩贡献的力量、散发的能量越多，整体获得的也就越多。难道建筑师不希望自己拥有最大的自由吗？这难道不能称为真正的自由吗？现在，人们已经可以有目的地运用色彩，而且因为现在画家可以从世俗的一切中取其所需，这样他们就认为绘画自由了，然而他们曲解了自由，绘画的这种自由对任何人都毫无用处和益处。自由已不复存在。绘画已经变成一种有目的地重现对象的手段，这并不自由。曾经色彩具有真实性，现在它们表达现实。

时至今日，我们现在所知的画框出现了：四条死板的直线、四个直角。曲线、尖拱现在自然已不再有意义，因为已没有什么东西可以将这些画板与日月星辰的世界联系起来，甚至连与建筑拱顶中起伏的曲线都没法联系。“图画”只是放大的书页，并无条件地从书页中沿用了其边框。如同在书中一条白边均匀地围绕在插图四周，新近的画作也被黑色、金色、光滑或凹凸有致的边框围绕，并且现在这些边框还一代代地越来越明显、越来越厚重。由书页放大成的板面绘画明显需要一个坚实的屏障，以打消想要翻页的念头。至此，我们实现了单调的、概念化的、子虚乌有的图画界限，如同影子一般地依附于具体对象。——几何图形代替了音乐。

在这一点上，罗希尔·凡·德·魏登作品中的“三联画”[1]也传达了惊

1 三联画（德语：Triptychon，英语：Triptych）是画作（常为板面油画）的一种类型，是多联画的一种，分为三个部分。三联画在基督教艺术早期就已经出现，是中世纪祭坛画的常见形式。后来又被文艺复兴画家们采用。用这种形式创作出的作品也易于拆分运输。

人的信息。画家认为这种新的简单而快速的图像创作方式是一项如此伟大的成就，于是他在画面中央重复使用了这一技巧。他将画面中央人物后的墙打开，并通过在洞口设置两根柱子，获得了一个新型小三联画的轮廓。在其中，他绘制了一幅风景，我们可以轻易地将其从整体中截取出来。——不过让我们看看圣路加背后的侧边房间。在写字台上摆着一本书。正如此处所见，难道书上四周带有白边的文字分栏不也是一种由三个矩形区域组成的三联画吗？而且更进一步的是，这种无形的关联不需要费太大力气就可以获得。在写字台上方，窗户中的一扇窄而高的玻璃窗扇被打开。我们透过彩绘玻璃窗看到了彩绘的风景，而此处正是对书的版式的重复。这样一来，在窗框中再次出现了一小片自然，画家明显乐于将其视为画中的一幅新画，一个即便是室外也被单独刻画的片段，在现实中这种片段甚至已经足以成为画家的绘画主题。在这里，我们看到了在自然主义绘画发展之初，随机的窗洞或门洞就已经成为画家的构图元素。

上述的分析可能已经让读者意识到：在罗希尔的画中显然存在一种不同寻常的观念上的分裂。事实正是如此。只有对三联画形式的运用、试图超越单幅画面的轻微倾向显示了过去的丰富性，而在圣母散落在地面的斗篷上画出了一个浮动的拱，对高处拱肩的最后记忆似乎都倾泻在了人像的袍服折痕[1]上，神圣感在此延续。除此以外，整幅画就如同新时代的那种细致的程式。

---

1 人像的袍服折痕（德语：Gewandung），指雕塑或绘画作品中覆盖于人体的衣物的折痕，艺术家以此来体现人物身体的形态和动作。“Gewandung”一词作为德语中的一个概念，暂时并没有准确对应的英语或中文翻译。

我当然没有忘了建造艺术的命运，现在我就将对其进一步论述。在此，我们关注的其实是建造艺术的衰落。所有绘画持续遭受到的衰退之所以发生，都是因为树干在不断地流失越来越多的汁液。

代替了过去理想的绘画表面，现在的绘画中有了前景和背景。罗希尔在前景中绘制了神圣的场景。我再说一遍，从圣母玛利亚斗篷的一角到她倾斜的头部，人们仍可以从其形象中感受到一种依偎于拱的拱肩的残存感。此处也只是浮现出了一点——已足以使我们欣赏这个圣母像。然而即使是圣路加的长袍也是模糊的。他红色外套的褶皱是僵硬的。它们不想再自由地大幅摆动，但试图将其塑造得具象、生动的努力也没有成功。在前景中，画家感觉并不自在。而只要一有可能，他就避开近景，只在第二重画框后畅快地施展自己的绘画技巧，正如在背景中央的三联窗中那样。而这种消失在遥远的远景的现象现在已普遍存在。当画作变得越小型、越小资，它就越让你看得远。“透视缩短”[1]充当了他们的一种手段——“透视缩短”成为他们的座右铭。与过去起伏的尖拱边框比起来，新的方便的“自然”边框已经被“透视缩短”了。罗希尔的视角，他的画中有画，已经完全是以最短且最快的方式表现尽可能多的东西的典范了。背景的丰富与圣路加这一主题毫无关联。当事人带着自鸣得意的笑容，在自己的绘画成果前注视着辽阔的景观，安心地无视那些神圣的事件。——新的画框、新的画面、新的观众：观念的分裂。

---

1 透视缩短（德语：Verkürzung，英语：foreshortening），指在绘画中利用从特定视角观察的效果反映视觉差别，用缩减所画对象尺寸的透视法手段来描绘与画面成一定角度的对象的方法。观者会自动地把该人体或物体复原成正确的比例。

值得指出的是，这种消失在远景的倾向反过来也必然会强化具象化的倾向。只有对于与画作保持距离的观看者，目眩神迷才会成为客观存在的概念。

世俗的想法进入了绘画艺术中，与之同步，绘画则将自身从神之居所的墙壁上转移到了居民的公寓里。它开创了新的成就“生活中的艺术”，直至一种“商业和产业中的艺术”。大教堂变得越来越平庸，居住空间则变得越来越有艺术气息，但不是真正意义上的装饰华丽。因为与此同时所有装饰的含义也迅速地丧失。画板上的蓝天抹杀了闪耀的、星星点点的光环、日月星辰、十字架、玫瑰窗和水晶玻璃，一切背景中的精致、优美、微妙的图案。

罗希尔已省略了任何的光环，就算是薄薄的一小圈金色也没有。谁知道站在桥上欣赏着画面里或画面外美丽风景的人物，是不是画完像后出来散步的玛利亚和路加。

将来，画作上唯一允许出现金色的部分将在画面以外，即边框上。由此可见，摆脱中心转向边缘的趋势还在愈演愈烈。即使在华盖的织物上，罗希尔也没有将金色描绘成金色。而这完全是一码事，不管是通过巧妙的透视缩短，以优美的折叠来展现鲜艳多彩的锦缎，还是以黄色和灰色取代纯正的金色，带来暗淡褪色的金色外表。

现在我们距目标只有几步之遥。在罗希尔的作品中，神圣的场景仍作为近景，远景画在其后面。在位于柏林博物馆的雨果·凡·德·古斯的作品《诞生》[1]中（附图 5），圣经的场景已经被放到了远景中，而近景则缩减为总共只有两个男性人物，在一左一右拉开窗帘。显然，古斯的这幅画比罗希尔的画更具艺术表现力。两个男人有力的头部刻画、玛利亚虔诚祝福的亲切神情、优美的天使们含蓄的可爱模样都十分精妙。画面中隐含的忧郁，有着一对金色翅膀的金黄色天使变得如玻璃般显眼，在周围如此世俗的环境中格外突出。这幅画为我们提供了一个例子，从今以后逆势而为的真正艺术家将悲剧性地销声匿迹。尽管如此，仍不可忽视古斯的《诞生》延续性地将远景作为主要的构图形式，再次预示着一个重要的阶段。之后不久，示意近景的前景形象消失，画面只再以单一形式的远景存在，这也为现代艺术奠定了基础——不管是对学者希尔德布兰德[2]还是对印象主义者韦斯巴赫[3]。

艺术家凡·德·古斯的画作是在特定方向上对时代趋势的提升，同时也是对过去全盛时期动人的最后借鉴，而代尔夫特的维米尔[4]在布伦瑞克

---

1 雨果·凡·德·古斯（Hugo van der Goes，1430—1482 年）是重要的早期尼德兰画派画家。他的代表作《波尔蒂纳里祭坛画》（*Portinari Altarpiece*，约 1475）对于意大利文艺复兴艺术中现实主义的发展起到了一定的作用。此处提到的《诞生》指的是其作品《牧羊人朝拜》。

2 据译者推测，“希尔德布兰德”指的应该是德国艺术史学家、艺术品商人希尔德布兰德·古利特（Hildebrand Gurlitt，1895—1956 年）。

3 “韦斯巴赫”指的应该是德国艺术史学家维尔纳·韦斯巴赫（Werner Weisbach，1873—1953 年），他是最早系统研究印象主义的学者之一，曾于 1910 年出版著作《印象主义：一个古代和现代的绘画问题》（*Impressionismus: Ein Problem der Malerei in Antike und Neuzeit*）。

4 约翰内斯·维米尔（Johannes Vermeer，1632—1675 年），荷兰黄金时代最伟大的画家。他毕生工作生活于荷兰的代尔夫特（Delft），有时也被称为代尔夫特的维米尔（Vermeer van Delft）。他善于精细地描绘一个限定的空间，表现出物体本身的光影效果及人物的真实感。他的作品中都有透明的用色、严谨的构图，以及对光影的巧妙运用。

附图 5 《牧羊人朝拜》，雨果 • 凡 • 德 • 古斯 [1]

的描绘上流阶层聚会的画 [2]（附图 6）则带来了全面、深刻、不可阻挡的通俗潮流。凡 • 德 • 魏登开启了前景与背景的分离，凡 • 德 • 古斯则不顾一切时代观念的阻碍，几乎成功地重新废除了背景的概念（“远景”和“背景”的概念不应被混淆）。在维米尔的画中，整个画面如刀切般地分为场景和背景。其背景是一层单色的色层，不与人物形象同时产生，不出自他们的任何一个动作，而是事后对色彩空隙的填充。

对于维米尔，人们总是着重赞美他品位高雅，也不会有人否认这一点。但这种对于品位的强调已经包含了一种判断，即在维米尔的作品中，被单独拿出来说的色彩技巧已不再是一个整体，而是已经固化为一种比例原则。他令人惊讶的品位带来的成就不再统一于更崇高的意义之中。它们不是源于必然，也并非出自一种更高、在背后起作用的整体感，不

1 《牧羊人朝拜》（*The Adoration of the Shepherds*，约 1480 年），雨果 • 凡 • 德 • 古斯创作的木板油画，现藏于德国柏林的画廊美术馆（Gemäldegalerie）。图片来源：Wikipedia。
2 此画指的应该是维米尔的作品《持酒杯的女孩》。

附图 6 《持酒杯的女孩》，约翰内斯·维米尔[1]

同于我们在皮耶罗·德拉·弗朗切斯卡的作品中仍可感受到的那样，它们只是画面中预设好的追求整体感的证据。每个部分都亦步亦趋般地由另一部分得来。这类画总体上都千篇一律，只是各部分分开来看有所不同。

1《持酒杯的女孩》(*The Girl with the Wine Glass*，约 1659—1660 年)，又名《女士和两位男士》（荷兰语：*Dame en twee heren*），约翰内斯·维米尔创作的布面油画，现藏于德国布伦瑞克（Braunschweig）的安东乌尔里希公爵美术馆（Herzog Anton Ulrich Museum）。图片来源：Wikipedia。

在这些画中无法超越人类的自然体验或进一步追求新的未知。绘画变成了一个算术问题。因此，这些画作从长远来看显得如此空洞。通过新旧绘画艺术的对比，在这些画中有谁不会注意到关于康德分析判断与综合先验判断的概念的最鲜明类比？[1]

在曾经的超验统一的画作中，不存在明显的对比。现在，对比成为塑造效果的主要手段，比如说上述画作中鲜艳的橙红色裙子与后面作为衬托的昏暗墙面的对比。同样的对比也出现在彩色的玻璃窗与纹章式的窗框这一细节中。教堂玻璃窗中的深邃感和丰富性丝毫不剩，徒留廉价的效果。

现在，画家过分追求各种各样的手法，以掩盖他画中注定的空洞。他热衷于表现八卦 - 心机的瞬间。他借此使自己的表达更加接近他一直追求的境界：舞台感。这其中有一个细节，女孩的目光非常明显是在和舞台前的观众交流。今天受过教育的人完全不会为他的“行为世界”所动，在此我引用了雅各布 • 冯 • 于克斯屈尔的说法[2]，但是在戏院般的舞台布景中，在一贯知道如何从一切中取其所需的艺术家的导演下，人们为之所动。

---

1 伊曼努尔 • 康德（Immanuel Kant，1724—1804 年），德国哲学家，德国古典哲学创始人。在其著作《纯粹理性批判》（*Kritik der reinen Vernunft*）中，康德将哲学上的命题分为两种类型：分析命题（analytisches Urteil，凭借着自身的意义为真）、综合命题（synthetisches Urteil，依其相关于世界的意义为真）。除了分析 - 综合区别外，康德还提出了另一种区分：先验命题（a priori，判断真伪不需依赖经验的命题）、后验命题（a posteriori，判断真伪需依赖经验的命题）。分析 - 综合区别和先验 - 后验区别在一起可区分出四个类型的命题，而康德认为如何认识其中的综合先验命题（synthetisches Urteil a priori）非常重要，因为所有重要的形而上学知识都是综合先验命题。

2 雅各布 • 冯 • 于克斯屈尔（Jakob von Uexküll，1864—1944 年），德国生物学家、哲学家，生命哲学的代表人物之一。他所提出的“行为世界”（Wirkungswelt）指的是每个生物接受环境刺激后所能做出的反应的总和。

凭借着这种适用于所有艺术作品的雷打不动的逻辑，在我们画作的背景之中出现了自带边框的画中画。我们不会再有更恰当的基本特征来界定这个时代的画作所具有的理念。一幅油画，一幅画，成为一块着色、带框的木板或布面，它应该类似于一个物件，并且最好还能有品位。人们将这样的作品挂在客厅里，它们已经变成了一件件家具。如果现在画家为小资的客厅作画与其他艺术题材一样有价值，为什么他不干脆也把客厅缩小画成画挂到墙上，这样还可以作为业内的一幅真诚画作挂到同一间客厅内，成为墙上的一幅带框的画？如此一来，在理论上一幅画中就可以一个接一个地嵌套无数个被画成画的客厅。没人会对此反感的。何乐而不为呢？但是没有人在意，这证明了：“每一件艺术作品都是对世界意义的阐释，因此它理应独一无二”的意识已经完全丧失。自主性造就了世界上每一件充满真情实感的艺术家作品，所以如果真正的艺术家被要求在自己的创作中表现随处可见的东西，他只会将其视为自己全部本质的丧失。对艺术的亵渎现在几乎变得无足轻重。

我们已继承了罗希尔·凡·德·魏登，他虽然已经在画中绘制了一幅画，但没有证明它为一项独立、带框的新成就。现在就连最无趣的一幅带框的、非常平庸的画都足以成为绘画艺术作品。

与此同时，我们还要认识到为什么平庸的方框会变得如此放之四海而皆准。我们已经知道了这样的画框从何而来。现在，绘画作为客厅里的画，作为一件家具，它自然必须适应由椅子、窗子、桌子、柜子、箱子组成的环境。出于实用的原因，这一切可都是方形的。所以除了也把自己塞进四个直角中，绘画还有什么别的选择呢？于是它终于脱离了建筑艺术，偏离了宇宙万物。

具象化的要求使得客厅或沙龙中的画成为一种世俗的存在。它被布置在窗帘、门帷和小摆设之间。曾经背景中所有的光环和纹饰消散在精雕细琢的画框上厚重的金色中，只有通过这种方式，才能显示出绘画在小资生活日用品中有一种高人一等的外表。现在，边框也需要有雕塑般的厚重感，以避免画中的物件与桌上的物件相混淆。虽然艺术服务于资产阶级的日常生活，但它如此华丽地孤立于家庭文化之外，以至于画框总在变得更重更宽。通过对边框的着重解读——大家不应将这一论述看作玩弄类比！——时代的明显趋势得以呈现，那就是所有的事物、所有的问题和任务都已习惯于从中心逃向边缘，因此人们可以大胆地称之为边框文化。典型例子就存在于大卫・休谟[1]的哲学、查尔斯・达尔文[2]的生物学、克洛德・莫奈[3]的艺术、依波利特・丹纳[4]的艺术理论之中。经验的边缘中不存在通向知识中心的道路，演变中不存在通向自然演进的阶梯，观察中不存在通向创造的努力，而环境中不存在通向艺术的一丝不苟。

路德维希・冯・霍夫曼[5]的一幅画可以作为这一想象趋势最后的高峰。

---

1 大卫・休谟（David Hume，1711—1776 年），苏格兰启蒙运动哲学家、历史学家、经济学家、散文家，因其极具影响力的经验主义、怀疑主义、自然主义哲学思想而著名。

2 查尔斯・达尔文（Charles Darwin，1809—1882 年），英国博物学家、地质学家、生物学家，其最著名的贡献是提出了进化论的相关学说。

3 克洛德・莫奈（Claude Monet，1840—1926 年），法国画家，印象派代表人物及创始人之一，“印象”一词即源自其画作《印象・日出》（*Impression, soleil levant*，1872 年）。他擅长在绘画中实验性地表现光影与色彩，最重要的风格是改变了阴影和轮廓线的画法，在其画作中没有非常明确的阴影，亦无突显或平涂式的轮廓线。

4 依波利特・丹纳（Hippolyte Taine，1828—1893 年），法国哲学家、历史学家、批评家，实证史学的代表。在艺术批评方面著有《艺术哲学》（*Philosophie de l'Art*，1865—1882 年）、《意大利游记》（*Voyage en Italie*，1864—1866 年）。

5 路德维希・冯・霍夫曼（Ludwig von Hofmann，1861—1945 年），德国画家、设计师，其创作风格融合了新艺术运动与象征主义。

它名为有框画，但实际上是一幅没有画的边框（附图 7）。在上半部分，其内容是一条线，象征着地平线。地面线上是均匀的一片，下面是几乎完全均匀的一片：天与海。完全是远眺，完全的概念化。市面上一本书的环衬页[1]都要比它更加有趣和内容丰富。在这种空洞的四周却是一个内容丰富、生动的边框，在一个贝多芬般、带翅膀的头像的右边和左边各有一个男性和女性形象，边框下部则是许多浓墨重彩却无足轻重的装饰。

附图 7 《海上日落》，路德维希・冯・霍夫曼[2]

1 环衬页（德语：Vorsatzpapier，英语：endpaper），连接书芯和封皮的衬纸。衬纸的尺寸一般为书页的两倍，对折后其中一半与封面或封底粘连。环衬页常经过精心设计，用纸往往不同于内页，并带有图案或肌理效果。

2 《海上日落》（*Sonnenuntergang am Meer*，约 1898 年），路德维希・冯・霍夫曼创作的布面油画，现藏于奥地利维也纳的奥地利美景宫美术馆（Österreichische Galerie Belvedere）。图片来源：奥地利美景宫美术馆网站。

这就是我们何以至此。这条路将我们从无框之画引向了无画之框。

我们一直追溯的并非只是绘画的衰败，更是自哥特时期的兴盛以来所有艺术的衰败。对个人，大部分是各个时代悲剧性的创作者——拉斐尔[1]、格吕内瓦尔德[2]、勃鲁盖尔[3]、杜米埃[4]、凡•高[5]——的伟大成就的历史评价不会改变这一过程。这种衰败没有因为他们而改变。而这种衰败是如此的彻底，以至于在这样彻底毁灭的基础上，几乎没人敢提出有关新的开始的问题。

---

1 拉斐尔•圣齐奥（Raffaello Sanzio，1483—1520 年），意大利画家、建筑师，与列奥那多•达•芬奇（Leonardo da Vinci，1452—1519 年）和米开朗琪罗（Michelangelo，1475—1564 年）合称“文艺复兴艺术三杰”，终年 37 岁。拉斐尔的画作风格秀美，人物清秀，场景祥和，加上他将宗教的虔诚和非宗教的美貌、基督教和异教有机地融为一体，创造出和谐的场面，对后世画家影响深远。

2 马蒂亚斯•格吕内瓦尔德（Matthias Grünewald，约 1470—1528 年），德国文艺复兴时期画家，不过他仍坚持中世纪哥特式传统，是德国哥特式绘画的最后一位伟大代表。他常用扭曲夸张的表现手法，其风格影响了 20 世纪的表现主义。

3 老彼得•勃鲁盖尔（Pieter Bruegel de Oude，约 1525—1569 年），文艺复兴时期布拉班特公国（Hertogdom Brabant）画家，以地景与农民景象的画作闻名。相较于当时风行的意大利画派，他的创作手法简明，在西方社会他是第一批以个人需要而作画的风景画家，跳脱了过去艺术沦为宗教寓言故事背景的窠臼，也对后世的绘画，如荷兰黄金时代的绘画，产生了深远的影响。

4 奥诺雷•杜米埃（Honoré Daumier，1808—1879 年），法国画家、讽刺漫画家、雕塑家、版画家。作为一位多产的艺术家，其作品大多与 19 世纪法国的社会和政治生活有关，常以作品攻击君主政体和当时的社会制度，并描绘各种底层人物。他的画作从不附和市场的口味，只是根据自己的意愿来作画，手法大胆有力，具有高度的独创性。他还创作了大量的雕塑作品，在雕塑史上也占有重要地位。

5 文森特•凡•高（Vincent van Gogh，1853—1890 年），荷兰后印象派画家。他被认为是现代艺术的开创者之一、表现主义的先驱，深深影响了 20 世纪艺术，尤其是野兽派与德国表现主义。凡•高直到 27 岁才开始了他的画家生涯，终年 37 岁，在十年间他创作了两千多幅画，包括约 900 幅油画与 1100 幅素描，但他在生前并未获得认可和成功。

然而现在一块新的磁石已经摆在我们面前，它散发着神秘的吸引力。走向哪儿？走向一种新的伟大的创造性建造艺术。当然，事物此时还在被不祥笼罩着，而就像我们可以仔细地追溯绘画磨灭的轨迹，那里也极好地保留着相当可观的、吸引人的、光明的上升途径。一步一步地规划好未来可能的道路是不可能的。那将意味着跳向一座远山，结果只会是精疲力竭地回头放弃。但是我们还有希望：保尔·谢尔巴特的诗，使我们对遥远未来的家园有了信念。

在他的诗里有沐浴在阳光中的神庙，它的存在令人惊叹。无须多言，世界上没有构筑物能像遥远而神秘的印度神庙那样与我们相距甚远。它们的图像似乎有魔力一般，自从看过后就萦绕在我们心头。美立在我们眼前，并在神圣的宁静之中，坚定地向我们提出了崇高的要求。只有少数人听到了这些要求；但只要为之所动的人就别无选择。作为一个典范，美需要极大的舍弃、克制、纯净和质朴。它需要一种原始的、质朴清澈的人性；这种人性不屈从于任何概念，不允许自身有任何妥协，不接受任何外在的束缚，只因其出自一种力量；这种人性通过我们文化的一切衍生和折射闪耀着光辉，包含了对本真的炽热渴望。

这种崇高的目标需要与我们这个时代的欧洲做一个区分，因为当下的环境只能称为荒谬与夸张；需要对所有价值做一个如此简单却又如此困难的重新评价，因为这个时代只能给予其愚蠢、不合逻辑与无视历史的评价。但是正因这种精神上的革新如此彻底，几乎各个方面都变得截然相反，也正因欧洲的文明、文化、发展背弃了如此多样、丰富、有益的成就，只为了表面上荒谬的虚无，所以受到感召的人不会逃避对任何革新的要求。他会满怀感激地欣赏着印度神庙之美，而且他会知道这种世界上至高无上的美是一个指南针，不可能指向歧途。因为至高无上的美必然展现了至高无上的意义。但是对于沉醉于印度神庙建筑的人——即使他只是凭着这些远处的奇迹的一张不完美的照片——我们在之前章节中郑重其事地阐述过欧洲绘画还剩下什么。它还剩下些什么？在我们现在看来，它几近荒谬。骄傲的欧洲就靠这样的作品吗？靠着年轻的姑娘对着观众微笑，因为一位垂涎的男士敬了她一杯酒？靠着一幅无画之框？我们必须回溯至萨诺·迪·皮埃特罗、教堂的玻璃窗，去追溯那些能够与印度建筑等量齐观的东西。但是我们已经看到了，即使曾经的成就多么合乎逻辑，多么有延续性，多么根深蒂固，欧洲还是变成了今天的模样。因为欧洲现在只是一个绘画的欧洲。在其中也有建筑师。但现实是，虽然他们继承了曾经创作出伟大作品的创作者们同样的职业名称，但这也完全不会使我们认为他们是艺术家。欧洲成了绘画的欧洲。今天大部分最受认可的“建筑师”都是画家出身。然而他们甚至都没有足够的天赋去绘画。不过这点天赋对于现代的建造艺术倒是够了。人们据此可知现代的建造艺术能有多美。

只存在一种视觉艺术：建造。绘画和雕塑都从属于它，既不是作为奴隶，也不是作为奴仆。确切地说，博大的建造艺术承载了绘画和雕塑。完全没有必要去建立一种关于视觉艺术各自之间地位的理论。只存在一种视觉艺术：建造。离开了建造，绘画和雕塑只会以变质的形式存在。只有在哥特式时期，欧洲才最后一次拥有视觉艺术。

但是印度不是更甚于哥特式吗？欧洲从来没有像哥特式那样接近东方。诚然，哥特式在某一方面有着无与伦比的美丽——玻璃窗洋溢的美妙的亲切感只属于它。我们当然不想没有它们。但作为一个整体，印度高塔作为东方世界中最纯粹的文化冠绝一切。而我们的哥特式又只不过是一个源自东方的美梦。哥特式就像我们所有最美好的东西，就像威尼斯，只是欧洲的十分之一——所以才如此美好。

光明永远来自于东方。然而欧洲也曾有能力创造哥特式——所以它不应再对逊色于它的美感到满意。欧洲应该再次真正地创造，即建造。

建造艺术的重生——当遥远的典范开始发挥其吸引力之时，它才得以开始。它不可能想当然地发生，就像每一次新生一样罕见。它是一个奇迹，就像每一次新生一样美好。它始于为树干输送新的汁液，使树干再生，即使一开始树叶还在枯萎和凋零。最终的新生，彻底的革新，我们都没法活着见到了。

图 71 帕利塔纳，千柱神庙[1]

1 千柱神庙（Chaumukh Temple，建于 17 世纪），印度耆那教神庙，位于印度西部城镇帕利塔纳（Palitana）。

死寂的宫殿：一个建筑师的梦

作者：保尔·谢尔巴特

我知道我心之所向。

于是我沿粗糙的石阶不懈向上攀登——很快便抵达了那里。

我站在一座惊人的宫殿前，那个我一生向往之处。

但我从未看得如当时那样真切。

宫殿坐落在山顶，仿佛一顶尖顶钢盔。

我很惊讶。

然而——它如此安静。

我从未感受过这般可怕的荒凉。

深红色的柱刺入我的眼睛——充满炽烈阳光的巨大厅堂如此耀眼。

这就是我一生向往的惊人宫殿！

一切都如此死寂！

一个声音对我说道：

“你所设想的艺术从来都是死的。那些宫殿没有生命。树有灵——兽有灵——而宫殿无灵。”

“所以，”我回应道，“我向往的是已死之物！”

“是的！”我听那个声音回答道——但不知是谁说的。

“我要的是静谧——是和平！”我愤恨地呼喊。

“静谧，”此刻我听到，“你定会得到它——但不要如此贪心！”

我知道了我心之所求——我所追求的静谧——毫无愉悦——一种无限的背离！

死寂的宫殿颤动着——颤动着！

图 72 乌代浦[1]大佛塔

1 乌代浦（Udaipur），印度拉贾斯坦邦城市，被称为“湖之城”，城中建筑物以白色大理石为主，也被称为“白色之城”。

参考文献

（根据本中文版排版，已在原著基础上对图号进行调整）

Die Dichtungen »Das neue Leben« und »Der tote Palast« sind dem phantastischen Nilpferderoman »Immer mutig« von Paul Scheerbart, Verlag J.C.C. Bruns, Minden i. W., mit Erlaubnis dieses Verlages und der Witwe Scheerbarts entnommen.

Die übrigen Beiträge erscheinen zum erstenmal im Druck.

Die Abb. 1, 12 und 70 nach »Gonse, l'art gothique«, Abb. 3, 25 und 26 nach »C. Brossard, Geographie pittoresque et monumentale de la France«, Abb. 4, 19 und 30 nach »Braun und Hogenberg, Urbes, ca. 1700«, Abb. 8 nach »C. H. Peters, De nederlandsche Stedenbouw«, Abb. 9 und 11 nach »Perrot et Chipiez, l'art antique«, Abb. 7 nach »Handbuch der Kunstwissenschaft, Lief. 60«, Abb. 58 nach »Prospects of all the cathedral etc. of England and Wales«, Abb. 13 und 55 nach »Unwin, Grundlagen des Städtebaues«, Abb. 18 und 35 nach »Daniel Meißner, Politica-Politica, 1700«, Abb. 20 nach »Pinder, Deutsche Dome im Mittelalter«, Abb. 36 nach »Fergusson, History of Indian architecture«, Abb. 21 und 22 nach »David Roberts, Egypte and Nubia« und »Holy-Land«, Abb. 23 nach »Grabar, Russische Architektur«, Abb. 24 nach einem alten Aquatintablatt, Abb. 27 nach »Dahlberg, Suecia«, Abb. 29 nach »Die schöne deutsche Stadt«, Abb. 32, 53 und 56 nach »Börschmann, Baukunst der Chinesen«, Abb. 33 und 34 nach »Zeiller-Merian, Topographia«, Abb. 51 nach »Schinkel, Kriegsdenksmäler«, Abb. 52 nach »Möller van den Bruck, Der preußische Stil«, Abb. 67 nach »Mebes, um 1800«, Abb. 6, 10, 14, 15, 16, 17, 28, 31, 37, 38, 66, 65, 71 und 72 nach den Mappenwerken für Einzelblätter der Bibliothek des Kunstgewerbemuseums zu Berlin.

Aus der gleichen sowie aus der Lipperheideschen Kostümbibliothek stamen die vorher genannten Abbildungen — nach gütiger Genehmigung und Unterstützung durch die Bibliotheksleitung.

Abb. 2 ist nach »Kunstwart« gedruckt, Abb. 5, 50, 62, 60, 63 und 64 nach »Städtebau«, Abb. 61, 68 und 62 nach »Deutsche Bauzeitung« mit gütiger Erlaubnis der Redaktionen, Abb. 59 nach »Otto Wagner, Die Großstadt«, Abb. 41 und 42 mit Genehmigung der Bauabteilung der Deutschen GartenstadtsGesellschaft.

Die übrigen Abbildungen stammen von Originalen.

图片索引

（根据本中文版排版，已在原著基础上对图号及页码进行调整，
本中文版中补充的附图 1 ～ 7 的信息详见正文脚注）